U0173375

高等教育"十四五"经管类精品教材

Principles and Practice of Big Data

大数据原理及实践

张晓燕　王筱莉　李跃文　谢妍曦　主编

上海财经大学出版社

图书在版编目(CIP)数据

大数据原理及实践/张晓燕等主编. —上海:上海财经大学出版社,
2023.3

高等教育"十四五"经管类精品教材

ISBN 978-7-5642-3909-1/F · 3909

I.①大…　Ⅱ.①张…　Ⅲ.①数据处理-高等学校-教材　Ⅳ.①TP274

中国版本图书馆 CIP 数据核字(2021)第 231566 号

□ 策划编辑　台啸天
□ 责任编辑　台啸天
□ 封面设计　贺加贝

大数据原理及实践

张晓燕　王筱莉　李跃文　谢妍曦　主编

上海财经大学出版社出版发行
(上海市中山北一路 369 号　邮编 200083)
网　　址:http://www. sufep. com
电子邮箱:webmaster @ sufep. com
全国新华书店经销
上海华教印务有限公司印刷装订
2023 年 3 月第 1 版　2023 年 3 月第 1 次印刷

710mm×1000mm　1/16　13.5 印张　213 千字
定价:39.00 元

目　录

前 言

从文明之初的"结绳记事",到文字发明后的"文以载道",再到近现代科学的"数据建模",数据一直伴随着人类社会的发展变迁,承载了人类基于数据和信息认识世界的努力和取得的巨大进步。信息技术的发展促使数据成为继物质、能源之后的又一种重要战略资源。如何对数据进行有效管理及有效利用,成为我们重点思考的问题。

在新一轮的战略资源部署中,我国非常重视大数据的发展。在 2015 年 10 月 26 日至 29 日召开的中国共产党第十八届中央委员会第五次全体会议(简称十八届五中全会)上,"十三五"规划建议提出实施国家大数据战略,旨在全面推进我国大数据发展和应用,加快建设数据强国,推动数据资源开放共享,释放技术红利、制度红利和创新红利,促进经济转型升级。至此,大数据战略上升为国家战略。后来我国发布了《促进大数据发展行动纲要》将大数据战略落地;2016年,《政务信息资源共享管理暂行办法》出台;2017 年,《大数据产业发展规划(2016—2020 年)》实施。

"大数据"这一概念最早公开出现于 1998 年,美国高性能计算公司 SGI 的首席科学家约翰·马西(John Mashey)在一个国际会议报告中指出:随着数据量的快速增长,必将出现数据难理解、难获取、难处理和难组织四个难题,并用"Big Data(大数据)"来描述这一挑战,因此在计算领域引发思考。进入 21 世纪以来,随着上网的人越来越多,网络中产生的数据也越来越多,海量数据如何存储,海量数据如何计算,是计算机界面临的两大难题。谷歌公司在 2003 年至 2004 年发布的两篇论文为解决这两个问题提供了思路,从此引爆了大数据时代。

这两篇论文分别为 *The Google File System* 和 *MapReduce: Simplified Data Processing on Large Clusters*。在文章 *The Google File System* 中,谷歌提出了一个分布式可扩展的文件系统 Google File System,简称 GFS,使得海量数据可以存储在一个分布式的集群上面,并且动态可扩展,解决了大数据时代海量数据存储的问题。2004 年 Google 又发表了一篇论文 *MapReduce: Simplified Data Processing on Large Clusters*,论文在此文件系统上提出了一个分布式并行计算框架 MapReduce,将海量数据进行切分,并进行分布式并行处理,为海量数据的计算提供了解决思路。后来 Doug Cutting 等人受此启发,利用两年的业余时间实现了 DFS 和 MapReduce 机制,并于 2006 年 2 月使其成为一套完整独立的软件,起名为 Hadoop。

经过十几年的发展,Hadoop 生态系统不断完善和成熟,目前已经包括了多个子项目,除了核心的 HDFS 和 MapReduce 以外,Hadoop 生态系统还包括 ZoopKer、HBase、Hive、Pig、Mahout、Sqoop、Flume 和 Spark 等功能组件,这些组件几乎覆盖了目前业界对数据处理的所有场景。

在 Hadoop 生态圈,用户可以在不了解分布式底层细节的情况下,开发分布式程序,充分利用集群的威力进行高速运算和存储,并且具有可靠、高效和可扩展的特点。目前基于 Hadoop 的大数据应用开发已经遍布多个行业领域,涉及金融、医疗和交通等。很多行业领域内有不少商用的大数据平台正是基于 Hadoop 打造的,这也在一定程度上说明了 Hadoop 平台的稳定性和扩展性都是比较强的。此外,基于 Hadoop 平台打造的大数据应用产品也可以广泛部署在其他商业大数据平台上,这使得 Hadoop 已经成为一种大数据开发领域的标准。因此本教材主要挑选 Hadoop 生态圈中几个非常基础的项目,为大家入门分布式大数据的处理打好基础。

　　本书分为八章。第一章介绍 Hadoop 生态系统及其发展历程。大家可以通过此章内容了解到 Hadoop 是一个开放的生态系统，里面有很多项目组成，包括数据采集类的项目、数据处理类的项目和数据可视化类的项目等；第二章介绍 Hadoop 的核心组件，包括 HDFS、MapReduce 和 Yarn，通过此章的学习。大家可以了解到 Hadoop 三大核心组件的基本组成及运行原理；第三章介绍 Hadoop 集群环境的搭建。本教材选用 Cloudera 版本(Cloudera's Distribution Including Apache Hadoop，CDH)作为集群安装，在介绍集群安装之前普及一些 Linux 常用的命令，为安装做技术铺垫；第四章主要介绍 Hadoop 生态系统中非常常用、非常实用又简单易用的 Hive 组件，介绍其原理及安装方法；第五章主要介绍 Hive 的使用，了解 Hive 中 DDL 和 DML 语法知识(通过前面五章的学习。大家可以独立搭建 Hadoop 集群，并上传文件到 HDFS 中，并且利用 MapReduce 或者 Hive 对数据文件进行统计分析)；第六章进入 Hadoop 生态系统中内存计算的学习，选用 Spark 组件，着重介绍 Spark 的内存计算的原理及运行模式；第七章介绍 Spark 的编程及 SparkSQL 的使用。通过这两部分的学习，大家可以完成 Spark 的安装部署，了解 Spark 的适用场合，学会 Spark 编程和 SparkSQL 对数据进行分析；第八章为 SparkMLLib 的内容。通过这一章的学习，大家可以利用 SparkMLLib 完成较复杂的一些数据分析，例如分类、聚类和关联分析等。通过本教材的学习，大家可以从零基础开始了解大数据平台，能够完成利用相关组件进行简单或复杂的数据分析的任务。

　　这八章内容全部由经验丰富的专业老师采编，其中李跃文老师负责第一章内容的编写，张晓燕老师负责全书整体框架的搭建及第二章至第五章内容的编写，王筱莉老师负责第六章和第七章内容的编写，谢妍曦老师负责第八章内容的编写。衷心感谢以上参编老师的在编写过程中的努力与辛苦付出，感谢上海财经大学出版社在本教材编写和出版过程中给予的大力支持与帮助！

　　本教材适用于高等院校大数据分析与实践类课程的教材选用，同时适合高等院校本科学生自学大数据技术的参考书，是大数据入门级的教学用书。

由于作者水平有限，书中难免会有不准确甚至错误之处，不当之处敬请读者批评指正，并将反馈意见发送到邮箱：bigdata_feedback@163.com，以便我们再版时修正错误。

上海工程技术大学　张晓燕
2022 年 9 月 16 日

第 1 章　Hadoop 生态系统简介

1.1　大数据发展

1.1.1　大数据的发展背景

近几年来,随着计算机和信息技术的迅猛发展和普及应用,行业应用系统的规模迅速扩大,行业应用所产生的数据呈爆炸式增长。人们把大规模数据称为"海量数据"。但实际上,大数据(Big Data)这个概念早在 2008 年就已被提出,2008 年,在 Google 成立 10 周年之际,著名的《自然》杂志出版了一期专刊,专门讨论未来用大数据处理相关的一系列技术问题和挑战,其中就提出了"Big Data"的概念。被誉为"大数据时代预言家"的维克托·迈尔-舍恩伯格在其《大数据时代》一书中列举了大量翔实的大数据应用案例,并分析预测了大数据的发展现状和未来趋势,提出了很多重要的观点和发展思路。他认为:大数据开启了一次重大的时代转型,指出大数据将带来巨大的变革,改变我们的生活、工作和思维方式,改变我们的商业模式,影响我们的经济、政治、科技和社会等各个层面。

人们常常会问,多大的数据才叫大数据? 其实,关于大数据,难以有一个非常定量的定义。维基百科给出了一个定性的描述:大数据是指无法使用传统和常用的软件技术和工具在一定时间内完成获取、管理和处理的数据集。进一步,当今"大数据"一词的重点其实已经不仅在于数据规模的定义,它更代表着信息技术的发展进入了一个新的时代。代表着爆炸式的数据信息给传统的计算技术和信息技术带来的技术挑战和困难。代表着大数据处理所需的新的技术和方法,也代表着大数据分析和应用所带来的新发明、新服务和新的发展机遇。

由于大数据行业的应用需求日益增长,未来越来越多的研究和应用领域将需要使用大数据并行计算技术,大数据技术将渗透到每个涉及大规模数据和复杂计算的应用领域。不仅如此,以大数据处理为中心的计算技术将对传统计算技术产生革命性的影响,如广泛影响计算机体系结构、操作系统、数据库、编译技术、程序设计技术和方法、软件工程技术、多媒体信息处理技术和人工智能以及其他计算机应用技术,并与传统计算技术相互结合将产生很多新的研究热点和课题。

大数据给传统的计算技术带来了很多新的挑战。大数据使得很多在小数据集上有效的传统的串行化算法,在面对大数据处理时难以在可接受的时间内完成计算,同时大数据含有较多噪音、样本稀疏、样本不平衡等特点,使得现有的很多机器学习算法有效性降低。因此,微软全球副总裁陆奇博士在 2012 年全国第一届"中国云/移动互联网创新大奖赛"颁奖大会主题报告中指出:"大数据使得绝大多数现有的串行化机器学习算法都需要重写。"

大数据在带来巨大技术挑战的同时,也带来巨大的技术创新与商业机遇。不断积累的大数据包含着很多在小数据量时不具备的深度的知识和价值,大数据分析挖掘将能为行业/企业带来巨大的商业价值,实现各种高附加值的增值服务,进一步提升行业/企业的经济效益和社会效益。由于大数据隐含着巨大的深度价值,美国政府认为大数据是"未来的新石油",对未来的科技与经济发展将带来深远影响。因此,在未来,一个国家拥有数据的规模和运用数据的能力将成为综合国力的重要组成部分,对数据的占有、控制和运用也将成为国家间和企业间新的争夺焦点。

目前,国内外 IT 企业对大数据技术人才的需求正快速地增长,未来 5~10 年内业界将需要大量的掌握大数据处理技术的人才。IDC 研究报告中指出:"下一个 10 年里,世界范围的服务器数量将增长 10 倍,而企业数据中心管理的数据信息将增长 50 倍,企业数据中心需要处理的数据文件数量将至少增长 75

倍,而世界范围内 IT 专业技术人才的数量仅能增长 1.5 倍。"因此,未来十年里大数据处理和应用的需求与能提供的技术人才数量之间将存在一个巨大的差距。目前,由于国内外高校开展大数据技术人才培养的时间不长,技术市场上掌握大数据的处理和应用开发技术的人才十分短缺,因而这方面的技术人才十分抢手,以致供不应求。国内几乎所有知名 IT 企业,如百度、腾讯、阿里巴巴、淘宝和奇虎 360 等,都大量地需要大数据的技术人才。

1.1.2　国际上大数据的发展

由于大数据处理需求的迫切性和重要性,近年来大数据技术已经在全球学术界、工业界和各国政府引起高度关注和重视,因此在全球掀起了一个可与 20 世纪 90 年代的信息高速公路相提并论的研究热潮。美国和欧洲一些发达国家和政府都从国家科技战略层面提出了一系列的大数据技术研发计划,以推动政府机构、重大行业、学术界和工业界对大数据技术的探索研究和应用。

2010 年 12 月,美国总统办公室下属的科学技术顾问委员会(PCAST)和信息技术顾问委员会(PITAC)向奥巴马和国会提交了一份《规划数字化未来》的战略报告。报告中把大数据收集和使用的工作提升到体现国家意志的战略高度。报告列举了 5 个贯穿各个科技领域的共同挑战,而第一个最重大的挑战就是"数据"问题。报告指出:"如何收集、保存、管理、分析和共享正在呈指数增长的数据是我们必须面对的一个重要挑战。"报告建议:"联邦政府的每一个机构和部门,都需要制定一个'大数据'的战略"。

2012 年 3 月,美国总统奥巴马签署并发布了一个"大数据研究发展创新计划"(Big Data R&D Initiative),由美国国家自然基金会(NSF)、卫生健康总署(NIH)、能源部(DOE)和国防部(DOD)等 6 大部门联合,投资 2 亿美元启动大数据技术的研发,这是美国政府继 1993 年宣布"信息高速公路"计划后的又一次重大科技发展部署。美国白宫科技政策办公室还专门建立了一个大数据技术论坛,鼓励企业和组织机构间的大数据技术的交流与合作。

2012 年 7 月,联合国在纽约发布了一本关于大数据政务的白皮书《大数据促发展:挑战与机遇》,全球大数据的研究和发展进入了前所未有的高潮。这本白皮书总结了各国政府如何利用大数据来响应社会需求,指导经济运行,更好地为人民服务,并建议成员国建立"脉搏实验室"(Pulse Labs),挖掘大数据的潜在价值。

由于大数据技术的特点和重要性,目前国内外已经出现了"数据科学"的概念,即数据处理技术将成为一个与计算科学并列的新的科学领域。已故著名图灵奖获得者 Jim Gray 在 2007 年的一次演讲中提出,"数据密集型科学发现"(Data-Intensive Scientific Discovery)将成为科学研究的第四范式,科学研究将从实验科学、理论科学和计算科学,发展到目前兴起的数据科学。

1.1.3 国内大数据的发展

党的十八届五中全会将大数据上升为国家战略。回顾过去几年的发展,我国大数据的发展可总结为:"进步长足,基础渐厚;喧嚣已逝,理性回归;成果丰硕,短板仍在;势头强劲,前景光明。"

作为人口大国和制造大国,我国数据产生的能力巨大,大数据的资源极为丰富。随着数字中国建设的推进,各行业的数据资源采集、应用能力的不断提升,将会导致更快更多的数据积累,我国也将成为名列前茅的数据资源大国和全球数据中心。

我国互联网大数据领域的发展态势良好,市场化程度较高,一些互联网公司建成了具有国际领先水平的大数据存储与处理平台,并在移动支付、网络征信和电子商务等应用领域取得了国际先进甚至领先的重要进展。然而,大数据与实体经济的融合还远不够,行业大数据应用的广度和深度也存在明显不足,生态系统亟待形成和发展。

我国各级政府也积累了大量与公众生产生活息息相关的信息系统和数据,并成为最具价值数据的保有者。如何盘活这些数据,更好地支撑政府的决策和便民的服务,进而引领和促进大数据事业的发展,是事关全局的关键。2015 年9 月,国务院发布《促进大数据发展行动纲要》,其中重要任务之一就是"加快政府数据开放共享,推动资源整合,提升治理能力",并明确了时间节点:2017 年跨部门数据资源的共享共用格局基本形成;2018 年建成政府主导的数据共享开放平台,打通政府部门、企事业单位间的数据壁垒,并在部分领域开展应用试点;2020 年实现政府数据集的普遍开放。目前,我国政务领域的数据开放共享已取得了重要进展,也达到了明显效果。截至 2019 年上半年,我国已有 82 个省级、副省级和地级政府上线了数据开放平台,涉及 41.93％的省级行政区、66.67％的副省级城市和 18.55％的地级城市。

"十三五"期间,在国家重点研发计划中实施了"云计算和大数据"重点专项行动,同时在大数据内存计算、协处理芯片和分析方法等方面突破了一些关键技术,特别是打破"信息孤岛"的数据互操作技术和互联网大数据应用技术已处于国际领先水平;在大数据存储、处理方面,研发了一些重要产品,有效地支撑了大数据的应用;国内互联网公司推出的大数据的平台和服务以及处理能力都跻身世界前列。

国家大数据的战略实施以来,地方政府纷纷响应联动、积极谋划布局。国家发改委组织建设了 11 个国家大数据工程实验室,为大数据领域内相关技术的创新提供了支撑和服务。发改委、工信部和中央网信办联合批复贵州、上海、京津冀和珠三角等 8 个综合试验区,正在加快建设中。各地方政府纷纷出台有关促进大数据发展的指导政策、发展方案、专项政策和规章制度等,使大数据的发展呈蓬勃之势。

然而,我们也必须清醒地认识到我国在大数据方面仍存在一系列亟待补上的短板,主要表现在以下三个方面。

一是大数据的治理体系尚待构建。首先,法律法规滞后。目前,我国尚无真正意义上的数据管理法规,只在少数相关法律条文中有涉及数据管理和数据安全等规范的内容,难以满足快速增长的数据管理需求。其次,共享开放程度低。推动数据资源共享开放,将有利于打通不同部门和系统的壁垒,促进数据流转,形成覆盖全面的大数据资源,为大数据的分析应用奠定基础。我国政府机构和公共部门已经掌握巨大的数据资源,但却存在"不愿""不敢"和"不会"共享开放的问题。不少地方的政务数据开放平台,仍然存在标准不统一、数据不完整、不好用甚至不可用等问题。政务数据共享开放意义重大,仍需要坚持不懈地持续推进。此外,在数据共享与开放的实施过程中,各地还存在片面强调数据物理集中的"一刀切"现象,对已有的信息化建设投资保护不足,造成新的浪费。第三,安全隐患增多。近年来,数据安全和隐私数据泄露事件频发,凸显了大数据的发展面临的严峻挑战。在大数据环境下,数据在采集、存储、跨境跨系统流转、利用、交易和销毁等环节的全生命周期过程中,所有权与管理权分离,真假难辨,多系统、多环节的信息隐性留存,因此导致数据跨境跨系统流转追踪难、控制难,从而使数据确权和可信销毁也更加困难。

二是核心技术薄弱。基础理论与核心技术的落后,导致我国信息技术长期存在"空心化"和"低端化"问题,大数据时代需避免此问题在新一轮发展中再次出现。近年来,我国在大数据的应用领域取得了较大进展,但是基础理论、核心器件和算法以及软件等层面,较之美国等技术发达国家仍明显落后。在大数据管理、处理系统与工具方面,我国主要依赖国外开源社区的开源软件,然而,由于我国对国际开源社区的影响力较弱,导致对大数据的技术生态缺乏自主可控能力,成为制约我国大数据的产业发展和国际化运营的重大隐患。

三是融合应用有待深化。我国大数据与实体经济融合不够深入,主要问题表现在:基础设施配置不到位,数据采集难度大;缺乏有效的引导与支撑,实体经济数字化转型缓慢;缺乏自主可控的数据互联共享平台等。当前,工业互联网成为互联网发展的新领域,然而仍存在不少问题,如政府热、企业冷,政府时有"项目式""运动式"推进,而企业由于没看到直接、快捷的好处,接受度低;设备设施的数字化率和联网率偏低;大多数大企业仍然倾向打造难以与外部系统交互数据的封闭系统,而众多中小企业数字化转型的动力和能力严重不足;国外厂商的设备在我国具有垄断地位,这些企业纷纷推出相应的工业互联网平台,抢占工业领域的大数据基础服务市场。

1.2 Hadoop 平台介绍

大数据的应用需要解决两个基本的问题:大数据的存储以及大数据的处理。提到大数据的存储和处理,Hadoop 无疑是当前最为流行的平台,没有之一。

Hadoop 是 Apache Lucene 创始人 Doug Cutting 创建的,Lucene 是一个广泛使用的文本搜索系统库。Hadoop 起源于 Apache Nutch,一个开源的网络搜索引擎,它本身也是 Lucene 项目的一部分。Doug Cutting 是这样解释 Hadoop 这一名称的来历的:"这个名字是我的孩子给一头吃饱了的棕黄色大象取的。

我的命名标准是简短、容易发音和拼写,没有太多的含义,并且不会被用于别处。小孩子是这方面的高手,Googol(google)就是小孩子起的名字。"

Hadoop 的子项目及后续模块所使用的名称也往往与其功能不相关,通常也以大象或其他动物为主题取名的(例如 Pig)。较小一些的组件,名称通常具有较好的描述性(也因此更俗)。这个原则很好,这意味着你可以通过它的名字大致猜测它的功能,例如 Jobtracker 用于跟踪 MapReduce 作业。

Nutch 项目始于 2002 年,是一个可以运行的网页爬取工具和搜索引擎系统。但后来,开发者认为这一架构可扩展度不够,不能解决数十亿网页的搜索问题。2003 年发表的一篇论文为此提供了帮助,文中描述的是谷歌产品架构,该架构称为谷歌分布式文件系统,简称 GFS。GFS 或类似的架构,可以解决他们在网页爬取和索引过程中产生的超大文件的存储需求。特别关键的是,GFS 能够节省系统管理(如管理存储节点)所花的大量时间。在 2004 年,他们开始着手实现一个开源的实现,即 Nutch 的分布式文件系统(Nutch Distribute File System,NDFS)。

2004 年,谷歌发表论文向全世界介绍他们的 MapReduce 系统。2005 年年初,Nutch 的开发人员在 Nutch 上实现了一个 MapReduce 系统,到年中,Nutch 的所有主要算法均完成移植,用 MapReduce 和 NDFS 来运行。

Nutch 的 NDFS 和 MapReduce 实现的不只是适用于搜索领域。2006 年 2 月,开发人员将 NDFS 和 MapReduce 移出 Nutch,形成 Lucene 的一个子项目,称为 Hadoop。大约在同一时间,Doug Cutting 加入雅虎,雅虎为此组织了一个专门的团队和资源,将 Hadoop 发展成一个能够处理 Web 数据的系统。

2008 年 1 月,Hadoop 已成为 Apache 的顶级项目,证明了它的成功性、多样性和活跃性。2008 年 2 月,Yahoo! 宣布其搜索引擎使用的索引是在一个拥有 1 万个内核的 Hadoop 集群上构建的。到目前为止,除 Yahoo! 之外,还有很多公司使用了 Hadoop,例如 Last. fm、Facebook 等。

《纽约时报》就是一个很好的宣传范例,他们将扫描往年报纸获得的 4TB 存档文件,通过亚马逊的 EC2 云计算转换成 PDF 文件,并上传到网上,整个过程使用了 100 台计算机,历时不到 24 小时。如果不将亚马逊的按小时付费的模式(即允许《纽约时报》短期内可访问大量机器)和 Hadoop 易于使用的并发编程模型结合起来,该项目很可能不会这么快开始启动并完成。

2008 年 4 月,Hadoop 打破世界纪录,成为最快的 TB 级数据排序系统。通过一个 910 节点的群集,Hadoop 在 209 秒内(不到三分半钟)完成了对 1TB 数据的排序,击败了前一年的 297 秒冠军。同年 11 月,谷歌在报告中声称,它的 MapReduce 对 1TB 数据排序只用了 68 秒。有报道称,Yahoo! 的团队使用 Hadoop 对 1TB 数据进行排序只花了 62 秒。具体如表 1-1 所示。

表 1-1   Hadoop 大事记

时　间	事　件
2004 年	由 Doug Cutting 和 Mike Cafarella 实现了现在 HDFS 和 MapReduce 的最初版本
2005 年 12 月	Nutch 移植到新框架,Hadoop 在 20 个节点上稳定运行
2006 年 1 月	Doug Cutting 加入 Yahoo!
2006 年 2 月	Apache Hadoop 项目正式启动以支持 MapReduce 和 HDFS 的独立发展 Yahoo! 的网格计算团队采用 Hadoop
2006 年 4 月	在 188 个节点上(每个节点 10 GB)运行排序测试集需要 47.9 个小时
2006 年 5 月	Yahoo! 建立了一个 300 个节点的 Hadoop 研究集群 在 500 个节点上运行排序测试集需要 42 个小时(硬件配置比 4 月的更好)
2006 年 11 月	研究集群增加到 600 个节点
2006 年 12 月	排序测试集在 20 个节点上运行 1.8 个小时,100 个节点上运行 3.3 小时,500 个节点上运行 5.2 小时,900 个节点上运行 7.8 个小时
2007 年 1 月	研究集群增加到 900 个节点
2007 年 4 月	研究集群增加到两个 1 000 个节点的集群
2008 年 4 月	在 900 个节点上运行 1 TB 排序测试集仅需 209 秒,成为世界最快
2008 年 10 月	研究集群每天装载 10 TB 的数据
2009 年 3 月	17 个集群总共 24 000 台机器
2009 年 4 月	赢得每分钟排序,59 秒内排序 500 GB(在 1 400 个节点上)和 173 分钟内排序 100 TB 数据(在 3 400 个节点上)

因此,我们不得不承认,Hadoop 的火爆要得益于 Google 在 2003 年底和

2004 年公布的两篇研究论文,其中一份描述了 GFS(Google File System),GFS 是一个可扩展的大型数据密集型应用的分布式文件系统,该文件系统可在廉价的硬件上运行,并具有可靠的容错能力,该文件系统可为用户提供极高的计算性能,而同时具备最小的硬件投资和运营成本。

另外一篇则描述了 MapReduce,MapReduce 是一种处理大型及超大型数据集并生成相关执行的编程模型。其主要思想是从函数式编程语言里借来的,同时也包含了从矢量编程语言里借来的特性。基于 MapReduce 编写的程序是在成千上万的普通 PC 机上被并行分布式自动执行的,8 年后,Hadoop 已经被广泛地使用在网络上,并涉及数据分析和各类数学运算的任务。

Hadoop 的核心组件包括两部分:HDFS(Hadoop Distributed File System)—hadoop 分布式文件系统和 MapReduce 面向大数据的并行处理计算模型。HDFS 和 MapReduce 分别解决了海量数据的存储和处理计算的问题。其中HDFS 的诞生得益于 Google 在 2003 年发表的 GFS 论文,MapReduce 的诞生得益于 Google 在 2004 年发表的 MapReduce 论文。如果说雅虎孕育了 Hadoop,是 Hadoop 之母,那么谷歌可以称得上是 Hadoop 之父,其最初的精华来自于谷歌。

1.3　相关的公司

Hadoop 在大数据领域的应用前景很大,不过因为是开源技术,实际应用过程中存在很多问题。于是出现了各种 Hadoop 的发行版,国外目前主要是三家创业公司在做这项业务:Cloudera、Hortonworks 和 MapR。

2008 年,一位 Google 的工程师 Christophe Bisciglia 负责了 Google 跟 IBM 合作的一个自然科学项目,他发现要把当时的 Hadoop 放到任意一个集群中去运行,是一件很困难的事情。虽然项目是开源的,但是当时其实主要是 Yahoo 在用,要想将 Hadoop 商业化推给更多的团队用,可能需要进一步的动作将其从开源带到业界。于是他和几个朋友成立了一个专门商业化 Hadoop 的公司Cloudera。这个公司做了很多事情,不仅连接了开源和业界的鸿沟,还为 Hadoop 生态的发展做出了非常重要的贡献。为了更好地提供外围服务,Cloudera

基于开源的 Hadoop 版本,提供了另外一个叫 CDH 的 Hadoop 版本。

2011 年,Yahoo 专门成立了一个子公司 Hortonworks,专门提供 Hadoop 相关的服务。Hortonworks 跟 Cloudera 不一样,它不再单独提供一个版本的 Hadoop 给用户选择,而是完全基于和更新开源版本。目前,Hortonworks 已经与很多公司,比如微软、Teradata 和 Rackspace 合作,搭建他们自己的开源 Hadoop 集群,并在业界形成了很好的口碑。

MapR 成立于 2009 年,但是引起媒体广泛关注的是缘由 GIGAOM 网站在 2011 年 3 月发布的一篇《MapR,Cloudera 的新对手》的报道。报道是这么描述 MapR 的:构建一个 HDFS 的私有替代品,这个替代品比当前的开源版本快三倍,自带快照功能,而且支持无 Namenode 单点故障,并且在 API 上和兼容,所以可以考虑将其作为替代方案。这篇报道随即被 InfoQ 引用,鉴于 InfoQ 的巨大影响力,一时间,Hadoop 的技术圈内,人人都在谈论 MapR 以及其提供的神奇功能。但是,那个时候,MapR 网站的主页上对此一切只字不提,只有大大的"敬请期待"字样。2011 年 5 月,它被另一个爆炸性的新闻披露了。那天,在 EMC World 2011 上,EMC 宣布,将在自己推出的 Greenplum HD 企业版 Hadoop 中采用 MapR 的技术。

近年在国内尽管大数据行业风起云涌,创业公司如雨后春笋般冒出,却少有专注底层基础平台的公司。目前有专注 Hadoop 发行版的星环科技、红象云腾和天云大数据,有传统数据库厂商的人大金仓和南大通用,有研发新型分布式数据库的巨杉数据库,还有唯一来自中国的 Apache 社区顶级项目 Kylin 背后的公司 Kyligence。

星环科技是业内的明星公司,创始团队来自原 Intel 开发 Hadoop 发行版的部门,成立三年已完成 1.55 亿元人民币的 B 轮融资,估值超过 10 亿元人民币,主要服务于金融、电信领域的客户。

天云大数据和红象云腾同样在做底层基础平台,发展速度略逊于星环科技,都在寻找适合自身的发展路线。天云大数据的业务在向上层迁移,除了提供 Hadoop 发行版,目前也涉足复杂的神经网络等算法技术;红象云腾将业务下沉,基于芯片层提升系统和处理数据的效率。

Hadoop 技术在未来几年大数据领域内的地位毋庸置疑,但是通过 Hadoop

技术实现盈利的业务模式,目前还没有完全被市场验证,国内外对盈利模式均处于探索阶段。

Cloudera 和 MapR 的发行版是收费的,他们基于开源技术,提高稳定性,同时强化了一些功能,定制化程度较高,核心技术是不公开的。它的营收主要来自软件收入,国内的星环科技盈利模式与之类似。这类公司,如果一直保持技术的领先性,那么软件收入溢价空间就很大。但一旦技术落后于开源社区,整个产品就需要进行较大的调整。

Hortonworks 则走向另一条路,他们将核心技术完全公开,用于推动 Hadoop 社区的发展。这样做的好处是,如果开源技术有很大提升,他们的受益就最大,因为定制化程度较少,自身不会受到技术提升的冲击。这样一来,如何让更多的企业级客户使用 Hadoop,是 Hortonworks 发展的关键。从营收、公司体量来看,Hortonworks 目前略逊于 Cloudera,仅靠单打独斗来抢占最大的市场份额难度较大,Hortonworks 选择与多家大型 IT 公司进行合作,为这些企业提供支持服务,让自己的技术产品能够被更多企业级的客户所使用。

新兴公司服务客户的方式是,前期以产品为内核,用项目制的形式帮助企业搭建系统,后期每年收取维护费。各家企业都在降低初装费,意图占据市场,靠后期的维护费用来收回成本。

1.4 Hadoop 生态系统

Hadoop 是一个能够对大量数据进行分布式处理的软件框架,具有可靠、高效和可伸缩的特点。在 Google 的三篇大数据论文发表之后,Cloudera 公司在这三篇论文的基础上,开发出了现在的 Hadoop。但 Hadoop 被开发出来也并非一帆风顺的,Hadoop 1.0 版本有诸多局限。在后续的不断实践之中,Hadoop 2.0 横空出世,而后 Hadoop 2.0 逐渐成为主流。并逐步形成了 Hadoop 2.0 生态系统。Hadoop 的核心是 HDFS 和 Mapreduce,Hadoop 2.0 还包括 YARN。

Hadoop2.0 生态系统如图 1—1 所示。

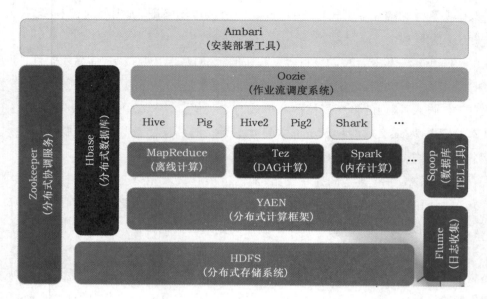

图 1—1　Hadoop 2.0 生态系统

其中,Hive 由 Facebook 开源,最初用于解决海量结构化的日志数据统计的问题,是一种 ETL(Extraction-Transformation-Loading)工具,它也是构建在 Hadoop 之上的数据仓库。数据计算使用 MR,数据存储使用 HDFS。

Hive 定义了一种类似 SQL 查询语言的 HiveQL 查询语言,除了不支持更新、索引和实物外,SQL 的其他特征几乎都能支持。它通常用于离线数据处理(采用 MapReduce)。我们可以认为 Hive 的 HiveQL 语言是 MapReduce 语言的翻译器,把 MapReduce 程序简化为 HiveQL 语言。但有些复杂的 MapReduce 程序是无法用 HiveQL 来描述的。

Pig 由 Yahoo! 开源,它的设计动机是提供一种基于 MapReduce 的 ad-hoc 数据分析工具,通常用于进行离线分析。Pig 是构建在 Hadoop 之上的数据仓库,定义了一种类似于 SQL 的数据流语言——Pig Latin,Pig Latin 可以完成排序、过滤、求和和关联等操作,可以支持自定义函数。Pig 自动把 Pig Latin 映射为 MapReduce 作业,上传到集群运行,减少用户编写 Java 程序的苦恼。

Mahout 是基于 Hadoop 的机器学习和数据挖掘的分布式计算框架,它实现了三大算法:推荐、聚类和分类。

HBase 源自 Google 发表于 2006 年 11 月的 Bigtable 论文。也就是说，HBase 是 Google Bigtable 的克隆版，它是一个分布式的、面向列的开源数据库，就像 Bigtable 利用了 Google 文件系统（File System）所提供的分布式数据存储一样，HBase 在 Hadoop 之上提供了类似于 Bigtable 的能力。它不同于一般的关系数据库，它是一个适合于非结构化数据存储的列式数据库。

　　ZooKeeper 是一个分布式的，开放源码的分布式应用程序协调服务，是 Google 的 Chubby 的一个开源的实现，是 Hadoop 和 Hbase 的重要组件。它是一个为分布式应用提供一致性服务的软件，它所提供的功能包括：配置维护、域名服务、分布式同步和组服务等。ZooKeeper 的目标就是封装好复杂易出错的关键服务，将简单易用的接口和性能高效、功能稳定的系统提供给用户。

第2章 Hadoop核心组件及其基本原理

Hadoop主要解决大数据领域内两个非常重要的问题:海量数据存储和分布式运算。Hadoop目前主要包括Hadoop1.x和Hadoop2.x,两种版本差距较大,Hadoop1.x主要由两个模块组成分布式文件存储系统(Hadoop Distributed File System,HDFS)、并行计算框架(MapReduce),而Hadoop2.x在Hadoop1.x的基础上增加了另一种资源协调者(Yet Another Resource Negotiator,YARN)。

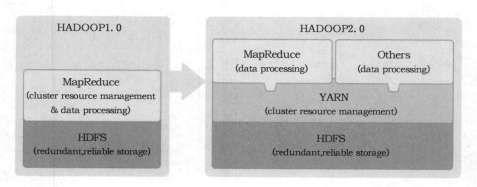

图2—1 Hadoop1.0向2.0的演化

由图2—1可以看出Hadoop1.0与Hadoop2.0的区别。Hadoop1.0的核心由HDFS(Hadoop Distributed File System)和MapReduce(分布式计算框架)构成。而在Hadoop2.0中增加了Yarn(Yet Another Resource Negotiator),来负责集群资源的统一管理和调度。目前常用的是Hadoop2.x版本,所

以本章主要基于 Hadoop2. x 进行讲解。

2.1 HDFS 基本原理

HDFS(Hadoop Distributed File System)Hadoop 分布式文件系统,源自 Google 发表于 2003 年 10 月的 GFS(Google File System)论文,也就是说 HDFS 是 GFS 的克隆版。HDFS 是分布式的文件系统,用于存储和管理文件, 由若干个节点组成,并通过统一的命名空间(类似于本地文件系统的目录树)来 管理文件。HDFS 具有良好的扩展性、高容错性,同时也适合 PB 级以上的海量 数据的存储。

HDFS 采用 Master/Slave 架构。一个简单的 HDFS 集群是由一个 Name-node 和一定数目的 Datanodes 组成。Namenode 是一个中心服务器,负责管理 文件系统的名字空间(namespace)以及客户端对文件的访问。集群中的 Datan-ode 一般是一个节点一个,负责管理它所在节点上的存储。HDFS 暴露了文件 系统的名字空间,用户能够以文件的形式在上面存储数据。从内部看,一个文 件其实被分成一个或多个数据块,这些块存储在一组 Datanode 上。Namenode 执行文件系统的名字空间操作,比如打开、关闭、重命名文件或目录。它也负责 确定数据块到具体 Datanode 节点的映射。Datanode 负责处理文件系统客户端 的读写请求,在 Namenode 的统一调度下进行数据块的创建、删除和复制。具 体如下图 2—2 所示。

HDFS 中的文件在物理上是分块存储(block),块的大小可以通过配置参数 (dfs. blocksize)来规定,默认大小在 Hadoop2. x 版本中是 128M,之前的版本中 是 64M。文件的各个 block 的存储管理由 Datanode 节点承担,Datanode 是 HDFS 集群从节点,每一个 block 都可以在多个 Datanode 上存储多个副本(副 本数量也可以通过参数设置 dfs. replication,默认是 3)。

HDFS 文件系统会给客户端提供一个统一的抽象目录树,客户端通过路径 来访问文件,形如 hdfs://Namenode:port/dir-a/dir-b/dir-c/file. data。目录结 构及文件分块位置信息(元数据)的管理由 Namenode 节点承担,Namenode 是 HDFS 集群主节点,负责维护整个 Hdfs 文件系统的目录树,以及每一个路径

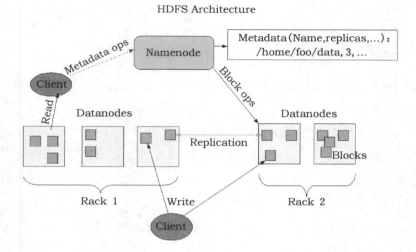

图 2—2 HDFS 集群结构

（文件）所对应的数据块信息（blockid 及所在的 Datanode 服务器）。

Datanode 会定期向 Namenode 汇报自身所保存的文件 block 信息，而 Namenode 则会负责保持文件的副本数量，HDFS 的内部工作机制对客户端保持透明，客户端请求访问 HDFS 都是通过向 Namenode 申请来进行。

HDFS 是设计成适应一次写入，多次读出的场景，且不支持文件的修改。需要频繁的 RPC 交互，写入性能不好。

2.1.1 HDFS 写数据分析

客户端要向 HDFS 写数据，首先要跟 Namenode 通信，以确认可以写文件并获得接收文件 block 的 Datanode，然后客户端按顺序将文件逐个 block 传递给相应 Datanode，并由接收到 block 的 Datanode 负责向其他 Datanode 复制 block 的副本。对于 HDFS 写数据的流程大概可以用图 2—3 表示。

客户端向 Namenode 发送上传文件请求，Namenode 对要上传目录和文件进行检查，判断是否可以上传，并向客户端返回检查结果。客户端得到上传文件的允许后读取客户端配置，如果没有指定配置，则会读取默认配置（例如副本数和块大小默认为 3 和 128M，副本是由客户端决定的）。向 Namenode 请求上

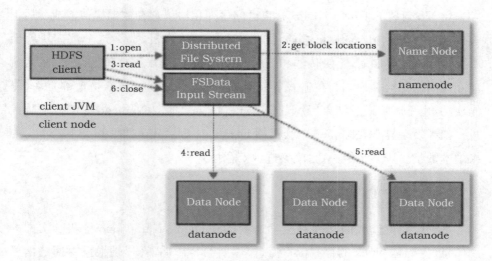

图 2—3　HDFS 写数据的流程

传一个数据块。Namenode 会根据客户端的配置来查询 Datanode 信息,如果使用默认配置,那么最终结果会返回同一个机架的两个 Datanode 和另一个机架的 datanode,这称为"机架感知"策略。客户端在开始传输数据块之前,会把数据缓存在本地,当缓存大小超过了一个数据块的大小的,客户端就会从 Namenode 获取要上传的 Datanode 列表,之后会在客户端和第一个 Datanode 建立连接开始流式的传输数据,这个 Datanode 会一小部分一小部分(4K)地接收数据,然后写入本地仓库,同时会把这些数据传输到第二个 Datanode,第二个 Datanode 也同样一小部分一小部分地接收数据并写入本地仓库,同时传输给第三个 Datanode,依次类推。这样逐级调用和返回之后,待这个数据块传输完成客户端后告诉 Namenode 数据块传输完成,这时候 Namenode 才会更新元数据信息并记录操作日志。第一个数据块传输完成后,会使用同样的方式传输下面的数据块,直到整个文件上传完成。

请求和应答是使用 RPC 的方式,客户端通过 ClientProtocol 与 Namenode 的通信,Namenode 和 Datanode 之间使用 DatanodeProtocol 交互。在设计上,Namenode 不会主动发起 RPC,而是响应来自客户端或 Datanode 的 RPC 请求。客户端和 Datanode 之间是使用 socket 进行数据传输,和 Namenode 之间的交互采用 nio 封装的 RPC。HDFS 有自己的序列化协议。在数据块传输成功后但客户端没有告诉 Namenode 之前，如果 Namenode 宕机，那么这个数据块就会丢失。在流式复制时，逐级传输和响应，采用响应队列来等待传输结果，队列响应完成后返回给客户端。在流式复制时如果有一台或两台（不是全部）没有复制成功，也不影响最后结果，只不过 Datanode 会定期向 Namenode 汇报自身信息。如果发现异常，Namenode 会指挥 Datanode 删除残余数据和完善副本。如果副本数量少于某个最小值，就会进入安全模式。

2.1.2　HDFS 读数据分析

客户端将要读取的文件路径发送给 Namenode，Namenode 将获取文件的元信息（主要是 block 的存放位置信息）返回给客户端，客户端根据返回的信息找到相应 Datanode，逐个获取文件的 block 并在客户端本地进行数据追加合并，从而获得整个文件。HDFS 读数据步骤大概可以用图 2—4 表示。

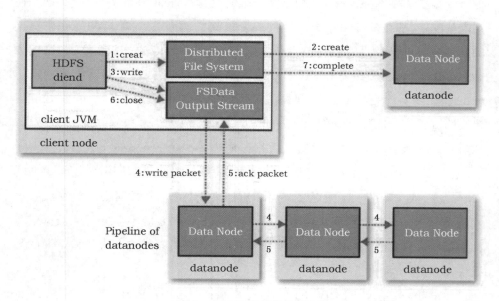

图 2—4　HDFS 读数据流程

客户端向 Namenode 发起 RPC 调用，请求读取文件数据。Namenode 检查文件是否存在，如果存在则获取文件的元信息（blockid 以及对应的 Datanode 列表）。客户端收到元信息后选取一个网络距离最近的 Datanode,依次请求读取每个数据块。客户端首先要校检文件是否损坏,如果损坏,客户端会选取另外的 Datanode 请求。Datanode 与客户端建立 Socket 连接,传输对应的数据块,客户端收到数据缓存到本地,之后写入文件。依次传输剩下的数据块,直到整个文件合并完成。文件合并的问题从某个 Datanode 获取的数据块有可能是损坏的,损坏的原因可能是由 Datanode 的存储设备错误、网络错误或者软件 bug造成的。HDFS 客户端软件实现了对 HDFS 文件内容的校验和(checksum)检查。当客户端创建一个新的 HDFS 文件,会计算这个文件每个数据块的校验和,并将校验和作为一个单独的隐藏文件保存在同一个 HDFS 名字空间下。当客户端获取文件内容后,它会检验从 Datanode 获取的数据跟相应的文件中的校验和是否匹配,如果不匹配,客户端可以选择从其他 Datanode 获取该数据块的副本。

2.1.3　HDFS 删除数据分析

HDFS 删除数据与流程比较相对简单,这里只列出详细步骤:

· 客户端向 Namenode 发起 RPC 调用请求删除文件,Namenode 检查合法性。

· Namenode 查询文件相关元信息,向 Datanode 发出删除请求。

· Datanode 删除相关数据块。返回结果。

· Namenode 返回结果给客户端。

当用户或应用程序删除某个文件时,这个文件并没有立刻从 HDFS 中删除。实际上,HDFS 会将这个文件重命名转移到/trash 目录,只要文件还在/trash 目录中,该文件就可以被迅速地恢复。文件在/trash 中保存的时间是可配置的,当超过这个时间时,Namenode 就会将该文件从名字空间中删除。删除文件会使得该文件相关的数据块被释放。注意,从用户删除文件到 HDFS 空闲空间的增加之间会有一定时间的延迟,只要被删除的文件还在/trash 目录中,用户就可以恢复这个文件。如果用户想恢复被删除的文件,可以浏览/trash 目录后,找回该文件,/trash 目录仅仅保存被删除文件的最后副本,/trash 目录与其他的目录没有什么区别,除了一点:在该目录上 HDFS 会应用一个特殊策略来自动删除文件。目前的默认策略是删除/trash 中保留时间超过 6 小时的文件。将来,这个策略可以通过一个被良好定义的接口配置。当一个文件的副本系数被减小后,Namenode 会选择过剩的副本删除。下次心跳检测时会将该信息传递给 Datanode。Datanode 遂即移除相应的数据块,集群中的空闲空间加大。同样,在调用 setReplication API 结束和集群中空闲空间增加间会有一定的延迟。

2.1.4　NameNode 元数据管理原理分析

Namenode 的职责是响应客户端请求、管理元数据。Namenode 对元数据有三种存储方式:内存元数据(NameSystem)、磁盘元数据镜像文件和数据操作日志文件(可通过日志运算出元数据)。内存元数据就是当前 Namenode 正在使用的元数据,是存储在内存中的。磁盘元数据镜像文件是内存元数据的镜像,保存在 Namenode 工作目录中,它是一个准元数据,作用是在 Namenode 宕机时能够快速且较准确地恢复元数据,称为 Fsimage。数据操作日志文件是用来记录元数据操作的,在每次改动元数据时都会追加日志记录,如果有完整的日志就可以还原完整的元数据。主要作用是用来完善 Fsimage,减少 Fsimage 和内存元数据的差距,称为 Editslog。

因为 Namenode 本身的任务就非常重要,为了不再给 Namenode 压力,日志合并到 Fsimage 就引入了另一个角色 secondary Namenode。Secondary Namenode 负责定期把 editslog 合并到 fsimage,"定期"是 Namenode 向 secondaryNamenode 发送 RPC 请求的,是按时间或者日志记录条数为"间隔"的,这样既不会浪费合并操作,又不会造成 fsimage 和内存元数据有很大的差距。因为元数据的改变频率是不固定的。每隔一段时间,会由 secondary Namenode 将 Namenode 上积累的所有的 edits 和一个最新的 fsimage 下载到本地,并加载到内存进行 merge(这个过程称为 checkpoint)。具体如图 2—5 所示。

Checkpoint 步骤:

• Namenode 向 secondaryNamenode 发送 RPC 请求,请求合并 Editslog 到 Fsimage。

• Secondarynamenode 收到请求后从 Namenode 上读取(通过 http 服务)

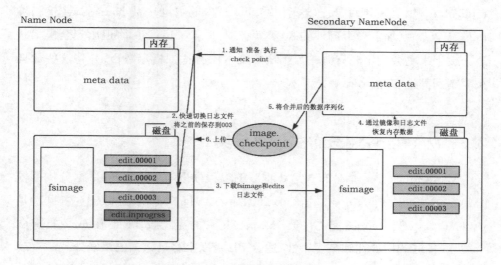

图 2—5　checkpoint 原理

Editslog(多个,滚动日志文件)和 Fsimage 文件。

· Secondarynamenode 会根据拿到的 Editslog 合并到 Fsimage。形成最新的 fsimage 文件。(中间有很多步骤,把文件加载到内存,还原成元数据结构,合并,再生成文件,新生成的文件名为 Fsimage. checkpoint)。

· Secondary namenode 通过 http 服务把 fsimage. checkpoint 文件上传到 Namenode,并且通过 RPC 调用把文件改名为 Fsimage。Namenode 和 secondary namenode 的工作目录存储结构完全相同,所以,当 Namenode 因故障退出需要重新恢复时,可以从 secondary namenode 的工作目录中将 Fsimage 拷贝到 Namenode 的工作目录,以恢复 Namenode 的元数据。

2.1.5　安全模式

Namenode 启动后会进入一个称为安全模式的特殊状态,处于安全模式的 Namenode 是不会进行数据块的复制的。Namenode 从所有的 Datanode 接收心跳信号和块状态报告。块状态报告包括了某个 Datanode 所有的数据块列表,每个数据块都有一个指定的最小副本数。当 Namenode 检测确认某个数据块的副本数目达到这个最小值,那么该数据块就会被认为是副本安全(safely replicated)的,在一定百分比(这个参数可配置)的数据块被 Namenode 检测确认是安全之后(加上一个额外的 30 秒等待时间),Namenode 将退出安全模式状态。接下来它会确定还有哪些数据块的副本没有达到指定数目,并将这些数据块复制到其他 Datanode 上。

2.2 MapReduce 分布式计算框架

MapReduce 是一个分布式运算程序的编程框架,是 Hadoop 数据分析的核心,MapReduce 源自 Google 发表于 2004 年 12 月的 MapReduce 论文,也就是说,Hadoop MapReduce 是 Google MapReduce 的克隆版。MapReduce 具有如下特点:良好的扩展性和高容错性、适合 PB 级以上海量数据的离线处理。

传统的分布式程序设计(如 MPI)非常复杂,用户需要关注的细节非常多,比如数据分片、数据传输、节点间通信等,因而设计分布式程序的门槛非常高。Hadoop 的一个重要设计目标便是简化分布式程序设计,将所有并行程序均需要关注的设计细节抽象成公共模块并交由系统实现,而用户只需专注于自己的应用程序逻辑实现,这样简化了分布式程序设计且提高了开发效率。

MapReduce 的核心思想是将用户编写的逻辑代码和架构中的各个组件整合成一个分布式运算程序,实现海量数据的并行处理以提高效率。海量数据难以在单机上处理,而一旦将单机版程序扩展到集群上进行分布式运行,势必将大大增加程序的复杂程度,所以引入 MapReduce 架构,开发人员可以将精力集中于数据处理的核心业务逻辑上,而将分布式程序中的公共功能封装成框架,以降低开发的难度。

2.2.1 MapReduce 并行编程抽象模型

面对大规模数据处理,MapReduce 采用一种分而治之的思想来完成并行化的大数据处理。图 2—6 展示了这种基于数据划分和"分而治之"策略的基本并行化计算模型。

比如复杂的计算任务,单台服务器无法胜任时,可将此大任务切分成一个个小的任务,小任务分别在不同的服务器上并行地执行,最终再汇总每个小任

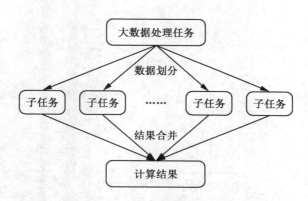

图 2—6　**MapReduce 并行化计算模型**

务的结果,即为 MapReduce 的并行化计算模型。

　　MapReduce 在总结了典型的顺序式大数据处理过程和特征的基础上,提供了一个抽象的模型,并借助于函数式设计语言 Lisp 的设计思想,用 Map 和 Reduce 函数提供了两个高层的并行编程抽象模型和接口,程序员只要实现这两个基本接口,即可快速完成并行化程序的设计。

　　MapReduce 定义了如下的 Map 和 Reduce 两个抽象的编程接口,由用户去编程实现:

$$map:(k1;v1) \rightarrow [(k2;v2)]$$

　　其中,输入参数:键值对(k1;v1)表示的数据。相应的处理逻辑是:一个数据记录(如文本文件中的一行,或数据表格中的一行)将以"键值对"形式传入 map 函数;map 函数将处理这些键值对,并以另一种键值对形式输出一组键值对表示的中间结果[(k2;v2)]。

$$reduce:(k2;[v2]) -> [(k3;v3)]$$

　　其中,输入参数是由 map 函数输出的一组中间结果键值对(k2;[v2]),[v2] 是一个值集合,是因为同一个主键 k2 下通常会包含多个不同的结果值 v2,所以传入 reduce 函数时,会将具有相同主键 k2 下的所有值 v2 合并到一个集合中处理。相应的处理逻辑是:对 map 输出的这组中间结果键值对,将进一步进行某种整理计算,最终输出为某种形式的结果键值对[(k3;v3)]。

　　经过上述 Map 和 Reduce 的抽象后,MapReduce 将演化为图 2—7 所示的并行计算模型。

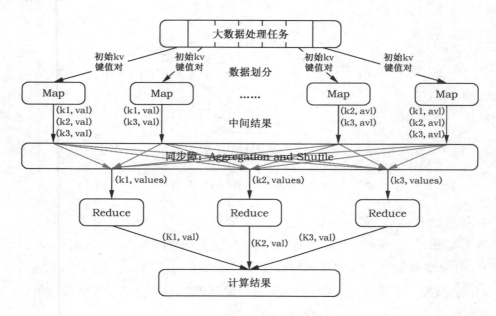

图 2—7   MapReduce 并行编程模型

图 2—7 并行编程模型的基本处理过程如下。

(1)各个 Map 节点对所划分的数据进行并行处理,从不同的输入数据产生相应的中间结果输出。

(2)各个 Reduce 节点也各自进行并行计算,各自负责处理不同的中间结果数据集合。

(3)进行 Reduce 处理之前,必须等到所有的 Map 节点处理完,因此,在进入 Reduce 前需要有一个同步障(Barrier);这个阶段也负责对 Map 的中间结果数据进行收集整理(Aggregation & Shuffle),以便 Reduce 节点可以完全基于本节点上的数据计算最终的结果。

(4)汇总所有 Reduce 的输出结果即可获得最终结果。

2.2.2   MapReduce 的编程模型和框架

MapReduce 基本程序设计示例如下。

设有 4 组原始文本数据：

Text 1：the weather is good

Text 2：today is good

Text 3：good weather is good

Text 4：today has good weather

现需要对这些文本数据进行词频统计。传统的串行处理方式下 Java 程序设计示例如下。

```
String[] text = new String[]
      { "the weather is good", "today is good ",
       "good weather is good "," today has good weather"  };
HashTable ht = new HashTable();
for(i=0; i<3; ++i){
    StringTokenizer st = new StringTokenizer(text[i]);
    while (st.hasMoreTokens()) {
        String word = st.nextToken();
        if(!ht.containsKey(word))
            ht.put(word, new Integer(1));
        else {
            int wc = ((Integer)ht.get(word)).intValue() +1;
            ht.put(word, new Integer(wc));
        }
    } //end of while
} //end of for
for (Iterator itr=ht.KeySet().iterator(); itr.hasNext(); )
{
    String word = (String)itr.next();
    System.out.print(word+ ": "+ (Integer)ht.get(word)+";    ");
}
```

最终输出结果为：

good：5；has：1；is：3；the：1；today：2；weather：3

如果用 MapReduce 来实现，假设用 4 个 Map 节点和 3 个 Reduce 节点来处理。设 4 个 Map 节点分别处理 4 个语句，每个 Map 节点要做的就是扫描该句子，遇到一个单词即输出（word,1）的键值对。

Map 节点 1：

输入：(textl,"the weather is good")

输出：(the,1),(weather,1),(is,1),(good,1)

Map 节点 2：

输入：(text2,"today is good")

输出：(today,1),(is,1),(good,1)

Map 节点 3：

输入：(text3,"good weather is good")

输出：(good,1),(weather,1),(is,1),(good,1)

Map 节点 4：

输入：(text4,"today has good weather")

输出：(today,1),(has,1),(good,1),(weather,1)

然后 3 个 Reduce 节点分别汇总所接受的同一单词出现的频度并输出：

Reduce 节点 1：

输入：(good,1),(good,1),(good,1),(good,1),(good,1)

输出：(good,5)

Reduce 节点 2：

输入：(has,1),(is,1),(is,1),(is,1)

输出：(has,1),(is,3)

Reduce 节点 3：

输入：(the,1),(today,1),(today,1),(weather,1),(weather,1),(weather,1),(weather,1)

输出：(the,1),(today,2),(weather,3)

最终我们将能得到与前述单机程序同样的输出结果：

good：5；has：1；is：3；the：1；today：2；weather：3

MapReduce 实现这个词频统计的伪代码如下：

```
Class WordCountMapper
{
  method Map(String input_key,String input_value)
  { //input_key : text document name
    //input_value: document contents
  for each word w in input_value
    EmitIntermediate(w,"1");
  }
```

```
}
Class WordCountReducer
{
   method reduce(String output_key,Iterator values)
   {//output_key:a vword
      //output_values：a list of counts
      Int result = 0;
      for each v in intermediate_values
      result +=ParseInt(v);
   Emit (output_key,result);
      }
}
```

2.2.3　加入 Combiner 和 Partitioner 的并行编程模型

（1）Combiner

上述程序中,有两点需要注意。第一,Map 节点 3 输出了 2 个(good,1)键值对,而将这两个相同主键的键值对直接传输给 Reduce,显然会增加不必要的网络数据传输,如果处理的是巨量的 web 网页文本,那么这种相同逐渐的键值对的数量将是巨大的,直接传输给 Reduce 节点的话,将会造成巨大的网络开销。为此,我们完全可以让每个 map 节点在输出中间结果键值对前,进行如图2—8 所示的合并处理,把 2 个(good,1)合并为(good,2),以此大大减少需要传输的中间结果的数据量,达到网络数据传输优化。

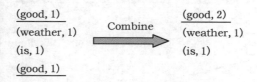

图 2—8　中间结果的 Combine 处理

为了完成这种中间结果数据传输的优化,MapReduce 框架提供了一个成为

Combiner 的对象，专门负责处理这个事情，其主要作用就是进行中间结果数据网络传输优化的工作。Combiner 程序的执行是在 Map 节点完成计算之后，输出中间结果之前。

（2）Partitioner

第二个需要注意的问题是，为了保证将所有主键相同的键值对传输给同一个 Reduce 节点，以便 Reduce 节点能在不需要访问其他 Reduce 节点的情况下，一次性顺利地统计出所有的词频，我们需要对即将传入 Reduce 节点的中间结果键值对进行恰当的分区处理（Partioning）。MapReduce 专门提供了一个 Partioner 类来完成这个工作，主要目的就是消除数据传入 Reduce 节点后带来不必要的相关性。这个分区的过程是在 Map 节点到 Reduce 节点中间的数据整理阶段完成的，具体来说，是在 Map 节点输出后，传入 Reduce 节点前完成的。

添加了 Combiner 和 Partioner 处理后，图 2－7 所示的 MapReduce 并行编程模型将进一步演变为图 2－9 所示的完整的 MapReduce 并行编程模型。

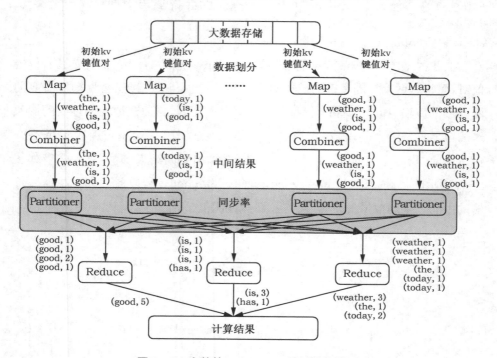

图 2－9　完整的 MapReduce 并行编程模型

2.3　Yarn 介绍

Apache Hadoop YARN (Yet Another Resource Negotiator,另一种资源协调者)是一种新的 Hadoop 资源管理器,它是一个通用资源管理系统,可为上层应用提供统一的资源管理和调度,它的引入为集群在利用率、资源统一管理和数据共享等方面带来了巨大好处。相当于一个分布式的操作系统平台,而 MapReduce 等运算程序则相当于运行于操作系统之上的应用程序。

Yarn 总体是主/从(M/S)结构,ResourceManager(RM)是 Master,NodeManager(NM)是 Slave,RM 负责对各 NM 上的资源进行统一管理和调度。Yarn 主要由 ResourceManager、NodeManager、ApplicationMaster 和 Container 等几个组件组成,如图 2—10 所示。

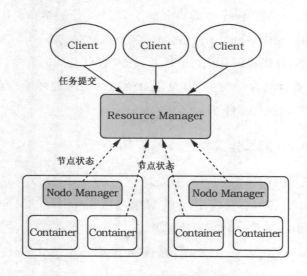

2—10　Yarn 的组成

2.3.1　Yarn 组件简介

ResourceManager(RM)是全局的资源管理器,负责整个系统的资源管理和分配,主要由两个组件构成:调度器(Scheduler)和应用程序管理器(Application

Manager,ASM)。调度器根据容量、对列等限制条件,将资源分配给各个正在运行的程序,调度器仅根据程序资源需求进行分配资源,是一个"纯资源调度器"。应用管理器负责管理整个系统所有的应用程序,包括程序的提交和与调度器协商资源以及启动 AM 等。

用户提交的每个程序都有一个 ApplicationMaster(AM),其功能主要有:资源的申请、任务的进一步分配、与 NM 通信以启动/停止任务和监控任务的运行状态等。

NodeManager(NM)是每个节点上的资源和任务管理器,其任务主要有两方面:通过定时的心跳向 RM 汇报本节点的资源使用情况以及 Container 的运行状况;接收和处理 AM 的 Container 启动/停止等各种请求。

Container 是 YARN 中资源的抽象,它封装了某个节点上一定量的资源(CPU 和内存两类资源),Container 由 ApplicationMaster 向 ResourceManager 申请的,由 ResouceManager 中的资源调度器异步分配给 ApplicationMaster。Container 的运行是由 ApplicationMaster 向资源所在的 NodeManager 发起的,Container 运行时需提供内部执行的任务命令(可以是任何命令,比如 java、Python、C++进程启动命令均可)以及该命令执行所需的环境变量和外部资源(比如词典文件、可执行文件和 jar 包等)。

2.3.2 Yarn 的工作流程

Yarn 的工作流程如图 2—11 所示。

(1)用户向 YARN 提交应用程序,其中包括 ApplicationMaster 程序、启动 ApplicationMaster 的命令和用户程序等;

(2)ResourceManager 为该应用程序分配第一个 Container,并与对应的 NodeManager 通信,要求它在整个 Container 中启动应用程序的 Application-Master;

(3)ApplicationMaster 首先向 ResourceManager 注册,这样用户可以直接通过 ResourceManager 查看应用程序的运行状态,然后它将为各个任务申请资源,并监控它的运行状态,直到运行结束,即重复步骤4~7;

(4)ApplicationMaster 采用轮询的方式通过 RPC 协议向 ResourceManager

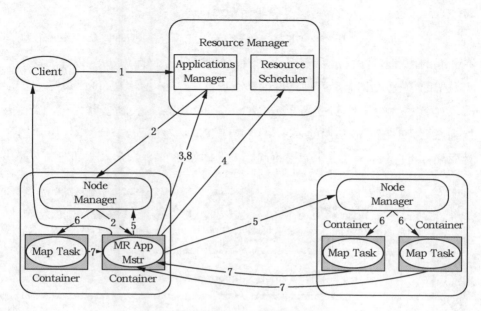

图 2—11　Yarn 工作流程

申请和领取资源；

（5）一旦 ApplicationMaster 申请到资源后，则与对应的 NodeManager 通信，要求其启动任务；

（6）NodeManager 为任务设置好运行环境（包括环境变量、jar 包和二进制程序等）后，将任务启动命令写到一个脚本中，并通过运行该脚本启动任务；

（7）各个任务通过某 RPC 协议向 ApplicationMaster 汇报自己的状态和进度，以让 ApplicationMaster 随时掌握各个任务的运行状态，从而可以在任务失败时重新启动任务。在应用程序运行过程中，用户可以随时通过 RPC 向 ApplicationMaster 查询应用程序的当前运行状态；

（8）应用程序运行完成后，ApplicationMaster 向 ResourceManager 注销并关闭自己。

这是一个通用流程，如果是 Mapreduce 那就对应的 Mapreduce 的 AM，Spark 就对应 spark 的 AM。所以 YARN 是一个可以运行不同作业的一个操作系统，这个系统上面可以运行很多东西，可以理解为你的电脑上可以运行

Word，可以运行 excel，可以运行 ppt，可以对应来理解。

　　远在 Hadoop v1 版本时期，Yarn 还没有出现，资源管理是和 Hadoop 耦合在一起的，我们没法完成在 Hadoop 集群运行的除了 MapReduce 以外的其他计算框架的任务，在策略和管理上也没那么成熟。Yarn 的出现，可以说是为 Hadoop 生态圈大数据技术的百花齐放奠定了一个基础，一直到目前为止，Yarn 仍然是在大数据领域最常用的一个资源调度框架，Spark、Tez 和 Hive 等常用计算框架都可以依赖 Yarn 来做资源调度。具体如图 2—12 所示。

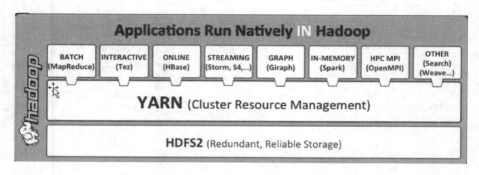

图 2—12　Yarn 整体的资源调度

　　在 Yarn 中，由于每一个任务是由一个 AppMaster 进行调度的，且可进行 AppMaster 出错重试，因此如果存在单点故障，也不会影响其他任务的运行，Yarn 的出现解决了单点故障问题。同时，Yarn 还解决了单点压力过大的问题，每一个任务是由一个 AppMaster 进行调度，而每一个 AppMaster 都是由集群中资源较为充足的结点进行启动、调度任务，起到一个负载均衡的作用。Yarn 完成了资源管理和任务调度的解耦，Yarn 只负责对集群资源的管理，各个计算框架只要继承了 AppMaster，就可以共同使用 Yarn 资源管理，更加充分地利用集群资源。Yarn 的出现使得整个集群的运维成本大大降低。同时，Yarn 可以很好地利用集群资源，避免资源的浪费，除此之外，Yarn 的出现还实现了集群的数据共享问题，不同的分布式计算框架可以实现数据的共享。

第 3 章　Hadoop 环境搭建

3.1　Linux 基础

　　Linux 的最早起源是在 1991 年 10 月 5 日,由一位芬兰的大学生 Linux Torvalds(Torvalds@kruuna. helsinki. fi)写了 Linux 核心程序的 0.02 版开始的,但其后的发展却几乎都是由互联网上的 Linux 社团(Linux Community)互通交流而完成的。Linux 不属于任何一家公司或个人,因此任何人都可以免费取得甚至修改它的源代码(source code)。Linux 上的大部分软件都是由 GNU 倡导发展起来的,所以软件通常都会在附着 GNU Public License(GPL)的情况下被自由传播。GPL 是一种可以使用户免费获得自由软件的许可证,因此 Linux 使用者的使用活动基本不受限制(只要你不将它用于商业目的),而不必像使用微软产品那样,不仅需要为购满许可证付出高价,还要受到系统安装数量的限制。

　　在 Linux 内核的发展过程中,各种 Linux 发行版本起了巨大的作用,正是它们推动了 Linux 的应用,从而让更多的人开始关注 Linux。例如 Red Hat、Ubuntu 和 SUSE 等,它们都是 Linux 的发行版本,更确切地说,应该叫“以 Linux 为核心的操作系统软件包”。Linux 的各个发行版本使用的都是同一个 Linux 内核,因此在内核层不存在什么兼容性的问题,每个版本有不一样的感觉,只是在发行版本的最外层(由发行商整合开发的应用)才有所不同。

　　Linux 的发行版本可以大体分为两类:一类是商业公司维护的发行版本,以著名的 Red Hat 为代表;另一类是社区组织维护的发行版本,以 Debian 为代表。很难说大量 Linux 版本中哪一款更好,因为每个版本都有自己的特点。

3.1.1 Red Hat Linux

Red Hat(红帽公司)创建于 1993 年,是目前世界上资深的 Linux 厂商,也是最获认可的 Linux 品牌。Red Hat 公司的产品主要包括 RHEL(Red Hat Enterprise Linux,收费版本)、CentOS(RHEL 的社区克隆版本,免费版本)和 Fedora Core(由 Red Hat 桌面版发展而来,免费版本)。Red Hat 是在我国国内使用人群中最多的 Linux 版本,资料丰富,如果你有什么不明白的地方,则很容易找到人来请教。CentOS 是基于 Red Hat Enterprise Linux 源代码重新编译、去除 Red Hat 商标的产物,各种操作使用和付费版本没有区别,且完全免费。缺点是不向用户提供技术支持,也不负任何商业责任,建议有实力的公司可以选择付费版本。

3.1.2 Ubuntu Linux

Ubuntu 基于知名的 Debian Linux 发展而来,其界面友好,容易上手,对硬件的支持非常全面,是目前最适合做桌面系统的 Linux 发行版本,而且 Ubuntu 的所有发行版本都是免费提供的。Ubuntu 的创始人 Mark Shuttleworth 是非常具有传奇色彩的人物,他在大学毕业后创建了一家安全咨询公司。该公司 1999 年以 5.75 亿美元被收购,他由此一跃成为南非最年轻的本土富翁。

作为一名狂热的天文爱好者,Mark Shuttleworth 于 2002 年自费乘坐俄罗斯联盟号飞船,在国际空间站中度过了 8 天的时光。之后,Mark Shuttleworth 创立了 Ubuntu 社区,2005 年 7 月 1 日建立了 Ubuntu 基金会,并为该基金会投资 1 000 万美元。他说,太空的所见正是他创立 Ubuntu 的精神之所在。如今,他最热衷的事情就是到处为自由开源的 Ubuntu 进行宣传演讲。

3.1.3 SuSE Linux

SuSE Linux 以 Slackware Linux 为基础,原来是德国的 SuSE Linux AG 公司发布的 Linux 版本,1994 年发行了第一版,早期只有商业版本,2004 年被

Novell 公司收购后,成立了 OpenSUSE 社区,推出了自己的社区版本 Open-SUSE。

SuSE Linux 在欧洲较为流行,在我国国内也有较多应用。值得一提的是,它吸取了 Red Hat Linux 的很多特质。SuSE Linux 可以非常方便地实现与 Windows 的交互,硬件检测非常优秀,拥有界面友好的安装过程和图形管理工具,对于终端用户和管理员来说,使用非常方便。

3.1.4　Gentoo Linux

Gentoo 最初由 Daniel Robbins(FreeBSD 的开发者之一)创建,首个稳定版本发布于 2002 年。Gentoo 是所有 Linux 发行版本里安装最复杂的版本,到目前为止仍采用源码包编译安装操作系统。不过,它却是安装完成后最便于管理的版本,也是在相同硬件环境下运行最快的版本。自从 Gentoo 1.0 面世后,它就像一场风暴,给 Linux 世界带来了巨大的惊喜,同时也吸引了大量的用户和开发者投入 Gentoo Linux 的怀抱。

有人这样评价 Gentoo:快速、设计干净而有弹性,它的出名是因为其高度的自定制性(基于源代码的发行版)。尽管安装时可以选择预先编译好的软件包,但是大部分使用 Gentoo 的用户都选择自己手动编译。这也是为什么 Gentoo 适合比较有 Linux 使用经验的老手使用。

3.1.5　其他 Linux 发行版本

除以上 4 种 Linux 发行版本外,还有很多其他版本,表 3—1 罗列了几种常见的 Linux 发行版本以及它们各自的特点。

表 3—1　　　　　　　　　　　Linux 发行版及特点汇总

版本名称	网　址	特　点	软件包管理器
Debian Linux	www.debian.org	开放的开发模式,且易于进行软件包升级	apt
Fedora Core	www.redhat.com	拥有数量庞大的用户,优秀的社区技术支持。并且有许多创新	up2date(rpm),yum(rpm)

续表

版本名称	网 址	特 点	软件包管理器
CentOS	www.centos.org	CentOS 是一种对 RHEL(Red Hat Enterprise Linux)源代码再编译的产物,由于 Linux 是开发源代码的操作系统,并不排斥样基于源代码的再分发,CentOS 就是将商业的 Linux 操作系统 RHEL 进行源代码再编译后分发,并在 RHEL 的基础上修正了不少已知的漏洞	rpm
SUSE Linux	www.suse.com	专业的操作系统,易用的 YaST 软件包管理系统	YaST(rpm),第三方 apt(rpm)软件库(repository)
Mandriva	www.mandriva.com	操作界面友好,使用图形配置工具,有庞大的社区进行技术支持,支持 NTFS 分区的大小变更	rpm
KNOPPIX	www.knoppix.com	可以直接在 CD 上运行,具有优秀的硬件检测和适配能力,可作为系统的急救盘使用	apt
Gentoo Linux	www.gentoo.org	高度的可定制性,使用手册完整	portage
Ubuntu	www.ubuntu.com	优秀已用的桌面环境,基于 Debian 构建	apt

3.2 Linux 的文件系统结构

Linux 的文件系统和 MS-Windows 的文件系统有很大的不同,关于微软视窗系统的文件结构,我在这里不再多说,我们主要了解一下 linux 的文件系统结构。linux 只有一个文件树,整个文件系统是以一个树根"/"为起点的,所有的文件和外部设备都以文件的形式挂结在这个文件树上,包括硬盘、软盘、光驱和调制解调器等,这和以驱动器盘符为基础的 MS-Windows 系统是大不相同的。Linux 的文件结构体现了这个操作系统简洁清晰的设计,日常我们能够接触到的 linux 发行版本的根目录大都是以下结构：

　　/bin/etc/lost＋found/sbin/var/boot/root

　　/home/mnt/tmp/dev/lib/proc/usr

（1）/bin 和/sbin

使用和维护 UNIX 和 Linux 系统的大部分基本程序都包含在/bin 和/sbin 里，这两个目录的名气之所以包含 bin，是因为可执行的程序都是二进制文件（binary files）。

/bin 目录通常用来存放用户最常用的基本程序，如 login、Shells、文件操作实用程序、系统实用程序和压缩工具等。

/sbin 目录通常存放基本的系统和系统维护程序，如：fsck、fdisk、mkfs、shutdown、lilo、init 等。

存放在这两个目录中的程序的主要区别是：/sbin 中的程序只能由 root（管理员）来执行。

（2）/etc

这个目录一般用来存放程序所需的整个文件系统的配置文件，其中的一些重要文件如下：passwd、shadow、fstab、hosts、motd、profile、shells、services 和 lilo. conf 等。

（3）/lost＋found

这个目录专门是用来放那些在系统非正常宕机后重新启动系统时，不知道该往哪里恢复的"流浪"文件的。

（4）/boot

这个目录下面存放着和系统启动有关系的各种文件，包括系统的引导程序和系统核心部分。

（5）/root

/root 是系统管理员（root）的主目录。

（6）/home

系统中所有用户的主目录都存放在/home 中，它包含实际用户（人）的主目录和其他用户的主目录。Linux 同 UNIX 的不同之处是，Linux 的 root 用户的主目录通常是在/root 或/home/root，而 UNIX 通常是在/。

(7)/mnt

按照约定,像 CD-ROM,软盘,Zip 盘,或者 Jaz 这样的可以动介质都应该安装在/mnt 目录下,/mnt 目录通常包含一些子目录,每个子目录是某种特定设备类型的一个安装点。例如:

/cdrom /floppy /zip /win…

如果我们要使用这些特定设备,我们需要用 mount 命令从/dev 目录中将外部设备挂接过来。在这里大家可能看到了有一个 win 的目录,这是我的机子上面做的一个通向 Windows 文件系统的挂接点,这样我通过访问这个目录就可以访问到我在 Windows 下面的文件了。但如果你的 Windows 文件系统是NTFS 格式,那么这个办法就不行了。

(8)/tmp 和/var

这两个目录用来存放临时文件和经常变动的文件。

(9)/dev

这是一个非常重要的目录,它存放着各种外部设备的镜像文件。例如第一个软盘驱动器的名字是 fd0;第一个硬盘的名字是 hda,硬盘中的第一个分区是hda1,第二个分区是 hda2;第一个光盘驱动器的名字是 hdc;此外,还有 modem和其他外设的名字。

(10)/usr

按照约定,这个目录用来存放与系统的用户直接相关的程序或文件,这里面有每一个系统用户的主目录,就是相对于他们的小型"/"。

(11)/proc

这个目录下面的内容是当前在系统中运行的进程的虚拟镜像,我们在这里可以看到由当前运行的进程号组成的一些目录,还有一个记录当前内存内容的kernel 文件。

3.3　文件类型

Linux 的文件类型大致可分为五类,而且它支持长文件名,不论是文件还是目录名,最长可以达到 256 个字节。

（1）一般性文件

一般性文件，例如纯文本文件 mtv-0.0b4. README，设置文件 lilo. conf，记录文件 ftp. log 等等都是。一般类型的文件在控制台的显示下都没有颜色，系统默认的是白色。

（2）目录

你可以用 cd＋目录名进入到这个目录中去，而这个目录在控制台下显示的颜色是蓝色的，非常容易辨认。如果你用 ls－l 来观看它们，会发现它们的文件属性（共 10 个字符）的一个字符是 d，这表明它是一个目录，而不是文件。

3.4　Linux 基本操作命令

首先介绍一个名词"控制台"（console），它就是我们通常见到的使用字符操作界面的人机接口，例如 Dos。我们说控制台命令，就是指通过字符界面输入的可以操作系统的命令，例如 Dos 命令就是控制台命令。和 Dos 命令不同的是，Linux 的命令（也包括文件名等）对大小写是敏感的，也就是说，如果你输入的命令大小写不对的话，系统是不会做出你期望的响应的。

（1）ls

这个命令就相当于 Dos 下的 Dir 命令一样，也是 Linux 控制台命令中最为重要几个命令之一。ls 最常用的参数有三个：－a－l－F。

ls－a

Linux 上的文件以 . 开头的文件被系统视为隐藏文件，仅用 ls 命令是看不到他们的，而用 ls－a 除了显示 一般文件名外，连隐藏文件也会显示出来。

ls－l（这个参数是字母 L 的小写，不是数字 1）

这个命令可以使用长格式显示文件内容，如果需要察看更详细的文件资料，就要用到 ls－l 这个指令。例如我在某个目录下键入 ls－l，可能会显示如下信息：

drwx－－－－－－ 2 Guest users 1024 Nov 21 21:05 Mail

－rwx－－x－－x 1 root root 89080 Nov 7 22:41 tar *

－rwxr－xr－x 1 root bin 5013 Aug 15 9:32 uname *

lrwxrwxrwx 1 root root 4 Nov 24 19:30 zcat－＞gzip

－rwxr－xr－x 1 root bin 308364 Nov 29 7:43 zsh *

－rwsr－x－－－ 1 root bin 9853 Aug 15 5:46 su *

第一个栏位,表示文件的属性。Linux 的文件基本上分为三个属性:可读 (r),可写(w),可执行(x)。但是这里有十个格子可以添(具体程序实现时,实际上是十个 bit 位)。第一个小格是特殊表示格,表示目录或连结文件等等,d 表示目录,例如 drwx－－－－－－;l 表示连结文件,如 lrwxrwxrwx;如果是以一横"－"表示,则表示这是文件。其余剩下的格子就以每 3 格为一个单位。因为 Linux 是多用户多任务系统,所以一个文件可能同时被许多人使用,所以我们一定要设好每个文件的权限,其文件的权限位置排列顺序是(以- rwxr - xr - x 为例):

rwx(Owner)r - x(Group)r - x(Other)

这个例子表示的权限是:使用者自己可读、可写、可执行;同一组的用户可读、不可写、可执行;其他用户可读、不可写、可执行。另外,有一些程序属性的执行部分不是 X,而是 S,这表示执行这个程序的使用者,临时可以有和拥有者一样权力的身份来执行该程序。一般出现在系统管理之类的指令或程序,让使用者执行时,拥有 root 身份。

第二个栏位,表示文件个数。如果是文件的话,那这个数目自然是 1 了,如果是目录的话,那它的数目就是该目录中的文件个数了。

第三个栏位,表示该文件或目录的拥有者。若使用者目前处于自己的 Home,那这一栏大概都是它的账号名称。

第四个栏位,表示所属的组(group)。每一个使用者都可以拥有一个以上的组,不过大部分的使用者应该都只属于一个组,只有当系统管理员希望给予某使用者特殊权限时,才可能会给他另一个组。

第五栏位,表示文件大小。文件大小用 byte 来表示,而空目录一般都是 1024byte,你当然可以用其他参数使文件显示的单位不同,如使用 ls - k 就是用 kb 来显示一个文件的大小单位,不过一般我们还是以 byte 为主。

第六个栏位,表示创建日期。以"月,日,时间"的格式表示,如 Aug 15 5:46 表示 8 月 15 日早上 5 点 46 分。

第七个栏位,表示文件名。

我们可以用 ls－a 显示隐藏的文件名。

Ls－F(注意,是大写的 F)

使用这个参数表示在文件的后面多添加表示文件类型的符号,例如＊表示可执行,/表示目录,@表示连结文件,这都是因为使用了－F 这个参数。但是现在基本上所有的 Linux 发行版本的 ls 都已经内建了－F 参数,也就是说,不用输入这个参数,我们也能看到各种分辨符号。

2.cd 命令

这个命令是用来进出目录的,它的使用方法和在 Dos 下没什么两样,和 Dos 不同的是 Linux 的目录对大小写是敏感的,如果大小写没拼对,你的 cd 操作是成功不了的。cd 如果直接输入,cd 后面不加任何东西,会回到使用者自己的 Home Directory。假设如果是 root,那就是回到/root. 这个功能同 cd～是一样的。

(3)mkdir,rmdir 命令

mkdir 命令用来建立新的目录,rmdir 用来删除以建立的目录,这两个指令的功能不再多加介绍,他们同 dos 下的 md、rd 功能和用法都是基本一样的。

(4)cp 命令

这个命令相当于 Dos 下面的 Copy 命令,具体用法是:

cp－r 源文件(source) 目的文件(target)

其中参数 r 是指连同元文件中的子目录一同拷贝。

(5)rm 命令

这个命令是用来删除文件的,和 Dos 下面的 rm(删除一个空目录)是有区别的,大家千万要注意。rm 命令常用的参数有三个:－i,－r,－f。

比如要删除一个名字为 text 的一个文件:

rm－i test

系统会询问我们:"rm:remove 'test'? y",敲了回车以后,这个文件才会真的被删除。之所以要这样做,是因为 linux 不像 Dos 那样有 undelete 的命令,或者是可以用 pctool 等工具将删除过的文件救回来,linux 中删除过的文件是救不回来的,所以使用这个参数在删除前让你再确定一遍,是很有必要的。

rm －r 目录名

这个操作可以连同这个目录下面的子目录都删除,功能上和 rmdir 相似。

　　rm －f 文件名(目录名)

这个操作可以进行强制删除。

(6)mv 命令

这个命令的功能是移动目录或文件,引申的功能是给目录或文件重命名。它的用法同 Dos 下面的 move 基本相同。当使用该命令来移动目录时,他会连同该目录下面的子目录也一同移走。另外因为 linux 下面没有 rename 的命令,所以想给一个文件或目录重命名时可以用以下方法:

　　mv 原文件(目录)名 新的文件(目录)名

(7)du,df 命令

du 命令可以显示目前的目录所占的磁盘空间,df 命令可以显示目前磁盘剩余的磁盘空间。

如果 du 命令不加任何参数,那么返回的是整个磁盘的使用情况,如果后面加了目录的话,就是这个目录在磁盘上的使用情况。

(8)cat 命令

这个命令是 linux 中非常重要的一个命令,它的功能是显示或连结一般的ascii 文本文件。cat 是 concatenate 的简写,类似于 Dos 下面的 Type 命令。它的用法如下:

cat text 显示 text 这个文件

cat file1 file2 依顺序显示 file1,file2 的内容

cat file1 file2＞file3 把 file1,file2 的内容结合起来,再“重定向(＞)”到file3 文件中。

“＞”是一个非常有趣的符号,是往右重定向的意思,就是把左边的结果当成是输入,然后输入到 file3 这个文件中。这里要注意一点的是,file3 是在重定向以前还未存在的文件,如果 file3 是已经存在的文件,那么它本身的内容被覆盖,而变成 file1＋file2 的内容。

如果＞左边没有文件的名称,而右边有文件名,例如:

　　cat＞file1

结果是会"空出一行空白行",等待你输入文字,输入完毕后再按[Ctrl]+[c]或[Ctrl]+[d],就会结束编辑,并产生 file1 这个文件,而 file1 的内容就是你刚刚输入的内容。这个过程和 Dos 里面的 copy con file1 的结果是一样的。

另外,如果你使用如下的指令:

　　cat file1>>file2

这将变成将 file1 的文件内容"附加"到 file2 的文件后面,而 file2 的内容依然存在,这种重定向符>>比>常用。

(9)more,less 命令

这是两个显示一般文本文件的指令。

如果一个文本文件太长了,超过一个屏幕的画面,用 cat 来看实在是不理想,就可以试试用 more 和 less 两个指令。More 指令可以使超过一页的文件临时停留在屏幕,等你按任何的一个键以后,才继续显示。而 less 除了有 more 的功能以外,还可以用方向键往上或往下的滚动文件,所以你随意浏览或阅读文章时,less 是个非常好的选择。

(10)clear 命令

这个命令是用来清除屏幕的,它不需要任何参数,和 Dos 下面的 clr 具有相同的功能,如果你觉得屏幕太紊乱,就可以使用它清除屏幕上的信息。

(11)pwd 命令

这个命令的作用是显示用户当前的工作路径。

(12)ln 命令

这是 linux 中又一个非常重要命令。它的功能是为某一个文件在另外一个位置建立一个同步的链接,这个命令最常用的参数是-s,具体用法是:

　　ln-s 源文件 目标文件

当我们需要在不同的目录用到相同的文件时,我们不需要在每一个需要的目录下都放一个必须相同的文件,我们只要在某个固定的目录、放上该文件,然后在其他的目录下用 ln 命令链接(link)它就可以,不必重复地占用磁盘空间。例如:

　　ln-s /bin/less /usr/local/bin/less

　　-s 是代号(symbolic)的意思。

这里有两点要注意：第一，ln 命令会保持每一处链接文件的同步性，也就是说，不论你改动了哪一处，其他的文件都会发生相同的变化；第二，ln 的链接有软链接和硬链接两种，软链接就是 ln —s ＊＊ ＊＊，它只会在你选定的位置上生成一个文件的镜像，不会占用磁盘空间，硬链接 ln ＊＊ ＊＊，没有参数—s，它会在你选定的位置上生成一个和源文件大小相同的文件，无论是软链接还是硬链接，文件都保持同步变化。

如果你用 ls 察看一个目录时，发现有的文件后面有一个@的符号，那就是一个用 ln 命令生成的文件，用 ls —l 命令去察看，就可以看到显示的 link 的路径了。

(13)man 命令

man 是察看指令用法的 help，学习任何一种 UNIX 类的操作系统最重要的就是学会使用 man 这个辅助命令。man 是 Manual(手册)的缩写字，它的说明是非常的详细。

(14)logout 命令

这是退出系统的命令。linux 是多用户多进程的操作系统，因此如果你不用了，退出系统就可以了，不需要关闭系统，关闭系统是系统管理员要做的事情。但有一点切记，即便你是单机使用 linux，logout 以后也不能直接关机，因为这不是关机的命令。

(15)su 命令

这个命令可以让普通用户变成具有管理员权限的超级用户(superuser)，只要它知道管理员的密码就可以。多用户多任务系统的强调的重点之一就是系统的安全性，所以应避免直接使用 root 身份登录系统去做一些日常性的操作，因为时间一久，root 密码就有可能被知道而危害到系统安全。所以平常应避免用 root 身份登录，即使要管理系统，也请尽量使用 su 指令来临时管理系统，然后记住定期的更换 root 密码。

假如你现在是以一个普通用户的身份登录系统，现在你输入：su，系统会要求你输入管理员的口令，当你输入正确的密码后，就可以获得全部的管理员权限，这时你就是超级用户(superuser)。但你执行完各种管理操作以后，只要输入 logout 就可以退回到原先的那个普通用户的状态。

（16）shutdown,halt 命令

这两个命令是用来关闭 linux 操作系统的。作为一个普通用户是不能够随便关闭系统的,因为虽然你用完了机器,可是这时候可能还有其他的用户正在使用系统。因此,关闭系统或者是重新启动系统的操作只有管理员才有权执行。另外 linux 系统在执行的时候会用部分的内存作缓存区,如果内存上的数据还没有写入硬盘就把电源拔掉,内存就会丢失数据,如果这些数据是和系统本身有关的,那么会对系统造成极大的伤害。一般建议在关机之前执行三次同步指令 sync,可以用分号";"来把指令合并在一起执行,如:

　♯ sync;sync;sync

使用 shutdown 关闭系统的时候有以下几种格式:

shutdown（系统内置 2 分钟关机,并传送一些消息给正在使用的 user）

shutdown −h now（下完这个指令,系统立刻关机）

shutdown −r now（下完这个指令,系统立刻重新启动,相当于 reboot）

shutdown −h 20:25（系统会在今天的 20:25 关机）

shutdown −h +10（系统会在十分钟后关机）

如果在关机之前,要传送信息给正在机器上的使用者,可以加"−q"的参数,则会输出系统内置的 shutdown 信息给使用者,通知他们离线。

halt 命令就不用多说了,只要你输入 halt,系统就会开始进入关闭过程,其效果和 shutdown −h now 是完全一样的。

（17）reboot 命令

一看这个命令的中文意思,就知道这个命令是用来重新启动系统的。当你输入 reboot 后,你就会看到系统正在将一个一个的服务都关闭掉,然后再关闭文件系统和硬件,接着机器开始重新自检,重新引导,再次进入 linux 系统。

（18）chown 命令

这个命令的作用是改变文件的所有者。

如果你有一个名为 Classment. list 的文件,所有权要给另一个账号为 Golden 的同学,则可用 chown 来实现这个操作,但是当你改变了文件的所有者以后,该文件虽然在你的 Home 目录下,可是你已经无任何修改或删除该文件的权限了,通常会用到这个指令的时机,应该是你想让 linux 机器上的某位使用

者到你的 Home 下去用谋个文件是会用到。

（19）chmod 命令

这个命令用来改变目录或文件的属性，是 linux 中一个应当熟悉的命令。对这个命令，使用的方法很多，这里只列出其中最常用的一种。一个文件用 10 个小格来记录文件的权限，前三个小格是拥有者（user）本身的权限，中间三个小格是和使用者同一组的成员（group）的权限，最后三个小格是表示其他使用者（other）的权限。现在我们用三位的二进制数来表示相应的三小格的权限，例如：

111 rwx 101 r—x 011 —wx 001 —x 100 r—

这样一来，我们就可以用三个十进制的数来表示一个文件属性位上的十个格，其中每一个十进制数大小等于代表每三格的那个三位的二进制数。例如，如果一个文件的属性是：rwxr-r—，那么我们就可以用 744 来代表它的权限属性；如果一个文件的属性是：rwxrwxr--，那它对应的三个十进制数就是 774。这样一来我们就可以用这种简便的方法指定文件的属性了。例如，我想把一个文件 test. list 的属性设置为 rwxr-x——，那么我只要执行：

chmod 750 test. list

就可以了，对于改变后的权限，你用 ls - l 就可以看到。

（20）ps

ps 是用来显示目前用户 process 或系统 processes 的状况。

以下列出比较常用的参数：

—a 列出包括其他 users 的 process 状况

—u 显示 user — oriented 的 process 状况

—x 显示包括没有 terminal 控制的 process 状况

—w 使用较宽的显示模式来显示 process 状况

我们可以经由 ps 取得目前 processes 的状况，如 pid，running state 等。

（21）kill

kill 指令的用途是送一个 signal 给某一个 process。因为大部分送的 signal 都是用来杀掉 process 的 SIGKILL 或 SIGHUP，因此称为 kill。kill 的用法为：

kill〔 −SIGNAL 〕pid…

kill‐ l

SIGNAL 为一个 singal 的数字,从 0 到 31 ,其中 9 是 SIGKILL ,也就是一般用来杀掉一些无法正常 terminate 的讯号。其余讯号的用途可参考 sigvec (2)中对 signal 的说明。也可以用 kill −l 来察看可代替 signal 号码的数目字。

（22）echo

echo 是用来显示一字串在终端机上

echo −n 则是当显示完之后不会有跳行的动作

（23）grep/fgrep

grep 为一过滤器,它可自一个或多个档案中过滤出具有某个字串的行,或是自标准输入过滤出具有某个字串的行。

fgrep 可将欲过滤的一群字串放在某一个档案中,然后使用 fgrep 将包含属于这一群字串的行过滤出来。

grep 与 fgrep 的用法如下:

grep〔−nv〕match_pattern file1 file2…

fgrep〔−nv〕−f pattern_file file1 file2…

−n 把所找到的行在行前加上行号列出

−v 把不包含 match_pattern 的行列出

−f 以 pattern_file 存放所要搜寻的字串

（24）who

who 指令是用来查询目前有哪些人在线上。

（25）write

这个指令是提供使用者传送讯息给另一个使用者,使用方式:

write username〔tty〕

3.5　Linux 下常用的工具软件

在 Linux 世界里有几种最常用的工具软件,包括 vi,tar,gzip 和 rpm。

(1)文字编辑

vi 是 Linux(UNIX)世界最强大的文本编辑工具。

vi 的三种状态：

■ Command mode：控制屏幕游标之移动,字元或游标之删除,搬移复制某区段及进入 Insert mode 下,或者到 Last line mode。

■ Insert mode：唯有在 Insert mode 下,才可做文字资料输入,按 Esc 键可到 Command mode。

■ Last line mode：将档案写入或离开编辑器,亦可设定编辑环境,如寻找字串、列出行号等。

vi 的基本操作

■ 进入 vi,在系统提示符号下输入 vi 及档案名称后即进入 vi 全屏编辑画面,且在 Command mode 下。

■ 切换至 Insert mode 编辑文件：在 Command mode 下可按"i"或"a"或"o"三键进入 Insert mode。

■ 离开 vi 及存档：在 Command mode 下可按":"键进入 Last line mode,输入

:w filename（存入指定档案）

:wq（写入并离开 vi）

:q!（离开并放弃编辑的档案）

Command mode 下功能键简介

■ 进入 Insert mode

i：插入,从目前游标所在之处插入所输入之文字。

a：增加,目前游标所在之下一个字开始输入文字。

o：从新的一行行首开始输入文字。

■ 移动游标

h、j、k、l：分别控制游标左、下、上、右移一格。

^b：往后一页。

^f：往前一页。

G：移到档案最后。

0：移到档案开头。

■ 删除

x：删除一个字元。

♯x：例 3x 表删除 3 个字元。

dd：删除游标所在之行。

♯dd：例 3dd 表删除自游标算起之 3 行。

■ 更改

cw：更改游标处之字到字尾 ＄ 处。

c♯w：例 c3w 表更改 3 个字。

■ 取代

r：取代游标处之字元。

R：取代字元直到按 为止。

■ 复制

yw：拷贝游标处之字到字尾。

p：复制(put)到所要之处。(指令"yw"与"p"必须搭配使用。)

■ 跳至指定之行

^g：列出行号

♯G：例 44G 表移动游标至第 44 行行首。

Last line mode 下指令简介

注意：使用前请先按 键确定在 Command mode 下。按":"或"/"或"?"三键即可进入 Last line mode。

■ 列出行号 :set nu (可用 :set all 列出所有的选择项。)

■ 寻找字串 /word (由首至尾寻找)？word (由尾至首寻找)

(2)压缩工具

tar,gzip 的使用方法

■ 压缩一组文件为 tar. gz 后缀。

　♯ tar cvf backup. tar /etc

　♯gzip －q backup. tar

　或

♯ tar cvfz backup. tar. gz /etc

- 释放一个后缀为 tar. gz 的文件。

    ♯gunzip backup. tar. gz

    ♯tar xvf backup. tar

    或

    ♯ tar xvfz backup. tar. gz

- 用一个命令完成压缩

    ♯tar cvf — /etc/ | gzip —qc > backup. tar. gz

- 用一个命令完成释放

    ♯ gunzip —c backup. tar. gz | tar xvf -

- 如何解开 tar. Z 的文件?

    ♯ tar xvfz backup. tar. Z

    或

    ♯ uncompress backup. tar. Z

    ♯tar xvf backup. tar

- 如何解开 . tgz 文件?

    ♯gunzip backup. tgz

- 如何压缩和解压缩 . bz2 的包?

    ♯bzip2 /etc/smb. conf

    这将压缩文件 smb. conf 成 smb. conf. bz2

    ♯bunzip2 /etc/smb. conf. bz2

    这将在当前目录下还原 smb. conf. bz2 为 smb. conf。

    注:. bz2 压缩格式不是很常用,还可以 man bzip2。

(3)安装工具

RPM 是世界著名的 Red Hat 公司推出的一种软件包安装工具,全称为 Redhat Package Manager。RPM 的出现提供了一种全新的软件包安装方法,在方便性上甚至超过了微软的 Windows。下面介绍一下 RPM 的基本使用方法。

- 安装一个包

    ♯ rpm —ivh < rpm package name>

- 升级一个包

  ♯ rpm －Uvh ＜ rpm package name＞

- 移走一个包

  ♯ rpm －e ＜ rpm package name＞

- 安装参数

  ——force 即使覆盖属于其他包的文件也强迫安装

  ——nodeps 如果该 RPM 包的安装依赖其它包，即使其他包没装，也强迫安装。

- 查询一个包是否被安装

  ♯ rpm －q ＜ rpm package name＞

- 得到被安装的包的信息？？？

  ♯ rpm －qi ＜ rpm package name＞

- 列出该包中有哪些文件

  ♯ rpm －ql ＜ rpm package name＞

- 列出服务器上的一个文件属于哪一个 RPM 包

  ♯rpm －qf 文件名称

- 可综合好几个参数一起用

  ♯ rpm －qil ＜ rpm package name＞

- 列出所有被安装的 rpm package

  ♯ rpm －qa ＜ rpm package name＞

3.6　Hadoop 环境搭建

Hadoop 是一个开源项目，所以很多公司在这个基础上进行商业化。目前 Hadoop 发行版非常多，有华为发行版、Intel 发行版和 Cloudera 发行版（CDH）等，所有这些发行版均是基于 Apache Hadoop 衍生出来的，之所以有这么多的版本，完全是由 Apache Hadoop 的开源协议决定的：任何人可以对其进行修改，并作为开源或商业产品发布/销售。（http://www.apache.org/licenses/LICENSE－2.0）。

绝大多数公司发行版本是收费的,比如 Intel 发行版、华为发行版等,尽管这些发行版本增加了很多开源版本里没有的新 feature,但绝大多数公司选择 Hadoop 版本时会把是否收费作为重要指标,不收费的 Hadoop 版本主要有三个(均是国外厂商),分别是:Cloudera 版本(Cloudera's Distribution Including Apache Hadoop,CDH)、Apache 基金会 Hadoop 和 Hortonworks 版本(Hortonworks Data Platform,HDP)。按顺序代表了它们在我国的使用率,CDH 和 HDP 虽然是收费版本,但是他们是开源的,只是收取服务费用。

我国用户绝大多数选择 CDH 版本,主要理由如下:第一,CDH 对 Hadoop 版本的划分非常清晰,只有两个系列的版本:基于 Hadoop2.x 的 CDH5 和 CDH6,以及 Cdh3 和 Cdh4,分别对应第一代 Hadoop(Hadoop 1.0)和第二代 Hadoop(Hadoop 2.0),相比而言,Apache 版本则混乱得多。第二,CDH 文档清晰,很多采用 Apache 版本的用户都会阅读 Cdh 提供的文档,包括安装文档、升级文档等。因此本章也给大家介绍基于 CDH 的安装方法。假设需要构建一个由 1 个管理节点和 3 个计算节点组成的集群,那么具体的安装步骤如下:

■ 部署方案

假设部署的集群中包含 4 个节点,其中 1 个管理节点,3 个计算节点,具体设置如表 3−1 所示。

表 3−1　　　　　　　　　　集群部署方案

序号	Ip 地址	主机名	系统版本
1	172.20.2.222	cm—server	centos7.3
2	172.20.2.203	hadoop—1	centos7.3
3	172.20.2.204	hadoop—2	centos7.3
4	172.20.2.205	hadoop—3	centos7.3

■ 基础环境部署

第 1 步:修改主机名配置 hosts。

```
systemctl stop firewalld

hostnamectl set-hostname  cm-server   #更改个主机名

sed -i 's/SELINUX=enforcing/SELINUX=disable/g' /etc/selinux/config

setenforce 0

cat >>/etc/hosts<<EOF     #添加各个节点 hosts 解析

172.20.2.222    cm-server

172.20.2.203      hadoop-1

172.20.2.204      hadoop-2

172.20.2.205      hadoop-3

EOF
```

第 2 步：配置 cm－server 免密钥登录其他节点。

```
ssh-keygen -t rsa     #在 cm-server 生成密钥对

for num in `seq 1 3`;do ssh-copy-id -i /root/.ssh/id_rsa.pub root@hadoop-$num;done
```

第 3 步：在 cm－server 安装数据库，在 cm－server 上安装 mariadb，用于后期数据存储。

```
yum install mariadb*

systemctl start mariadb

mysql -uroot password "mysqladmin"

登录数据库后我们采用 root 登录
```

第 4 步：java 环境配置，如果系统有安装 java 环境卸载干净使用 oracle 的 jdk，此处使用 jdk－7u80－linux－x64. rpm，在各节点均配置 java 环境。

```
rpm -ivh jdk-7u80-linux-x64.rpm

cat >/etc/profile.d/java.sh<<EOF

export JAVA_HOME=/usr/java/jdk1.8.0_121

export
CLASSPATH=.:\$JAVA_HOME/jre/lib/rt.jar:\$JAVA_HOME/lib/dt.jar:\$JAVA_HOME/lib/tools
.jar

export PATH=\$PATH:\$JAVA_HOME/bin

EOF

source /etc/profile.d/java.sh
```

第 5 步:配置各节点服务器需求。

```
sysctl -w vm.swappiness=10

echo "vm.swappiness=10" >>/etc/sysctl.conf

echo never > /sys/kernel/mm/transparent_hugepage/defrag

echo never > /sys/kernel/mm/transparent_hugepage/enabled
```

■ Cloudera Manager 安装

第 1 步:下载解压相关软件包。

```
mkdir /software && cd /software

wget -c
https://archive.cloudera.com/cm5/cm/5/cloudera-manager-centos7-cm5.14.1_x86_64.tar.
gz

wget -c
http://archive.cloudera.com/cdh5/parcels/5.14.2/CDH-5.14.2-1.cdh5.14.2.p0.3-el7.par
cel

wget -c
```

```
http://archive.cloudera.com/cdh5/parcels/5.14.2/CDH-5.14.2-1.cdh5.14.2.p0.3-el7.par
cel.sha1 -O CDH-5.14.2-1.cdh5.14.2.p0.3-el7.parcel.sha
    wget -c http://archive.cloudera.com/cdh5/parcels/5.14.2/manifest.json
    wget -c
https://dev.mysql.com/get/Downloads/Connector-J/mysql-connector-java-5.1.46.zip
    tar -zxvf cloudera-manager-centos7-cm5.14.1_x86_64.tar.gz -C /opt/    #解压 cm 包
    unzip mysql-connector-java-5.1.46.zip  #解压 java-mysql 连接 jar 包
    cp mysql-connector-java-5.1.46/mysql-connector-java-5.1.46-bin.jar
/opt/cm-5.14.1/share/cmf/lib/    #将 jar 包复制到 cm 的 lib 目录下
    cp mysql-connector-java-5.1.46/mysql-connector-java-5.1.46-bin.jar
```

第 2 步:创建用户及初始化数据库。

```
    useradd --system --home=/opt/cm-5.14.1/run/cloudera-scm-server/ --no-create-home
--shell=/bin/false --comment "Cloudera SCM User" cloudera-scm       #在各个节点均创建用户
    vim /opt/cm-5.14.1/etc/cloudera-scm-agent/config.ini 将其中的 server_host=cm-server
#指向 cm-server
    usage: /opt/cm-5.14.1/share/cmf/schema/scm_prepare_database.sh [options]
(postgresql|mysql|oracle) database username [password]     #使用选项
    /opt/cm-5.14.1/share/cmf/schema/scm_prepare_database.sh mysql cmdb -h"cm-server"
-uroot -pmysqladmin --scm-host cm-server scm scm scm
```

第 3 步:将 cm－server 修改完成的文件分发到其他各节点。

```
    for i in `seq 1 3`;do scp -r /opt/cm-5.14.1 hadoop-$i:/opt/;done
```

第 4 步:创建本地源。

```
mv CDH-5.14.2-1.cdh5.14.2.p0.3-el7.parcel* manifest.json
/opt/cloudera/parcel-repo/
```

第 5 步:启动服务。

在 cm‐server 启动 server 和 agent 服务,在其他节点启动 agent 服务。

```
/opt/cm-5.14.1/etc/init.d/cloudera-scm-server start
/opt/cm-5.14.1/etc/init.d/cloudera-scm-agent start
```

■ Cloudera Manager 的 web 界面配置

服务器启动后,可以浏览器访问 cm‐server 的 7180 端口,用户名/密码为 admin/admin(见图 3—1)。

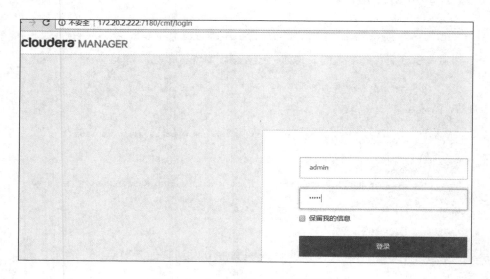

图 3—1　cloudera manager 管理页面

登录后接受协议继续,在后续页面可以选择试用 60 天,然后勾选管理的主机继续操作,如图 3—2 所示。

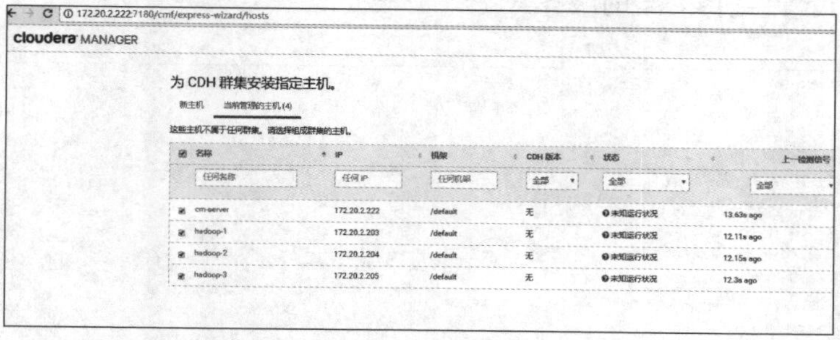

图 3-2　为 CDH 集群安装指定主机

然后选择相应的版本，在这里我们选择 CDH-5.14 版本。接下来就进入 parcel 安装阶段，如图 3-3 所示。

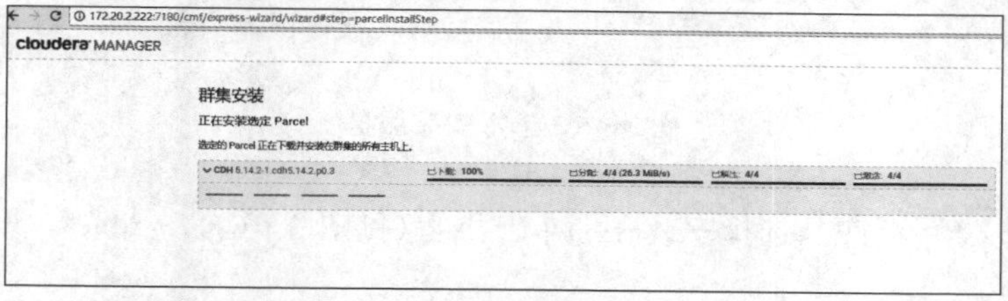

图 3-3　parcel 安装

然后进行主机正确性检查（见图 3-4）。

图 3-4　主机正确性检查

大数据原理及实践

群集设置(选择安装的服务)(见图 3－5)。

图 3－5　选择安装服务

自定义角色分配,选择安装在那个节点上(见图 3－6)。

图 3－6　集群设置

数据库设置,需要提前创建数据库及授权其他节点可以正常连接(见图 3—7 和图 3—8)。

```
MariaDB [(none)]> create database report;
Query OK, 1 row affected (0.00 sec)

MariaDB [(none)]> grant all privileges on *.* to root@'%' identified by "mysqladmin";
Query OK, 0 rows affected (0.03 sec)

MariaDB [(none)]> flush privileges;
Query OK, 0 rows affected (0.01 sec)
```

图 3—7　数据库设置

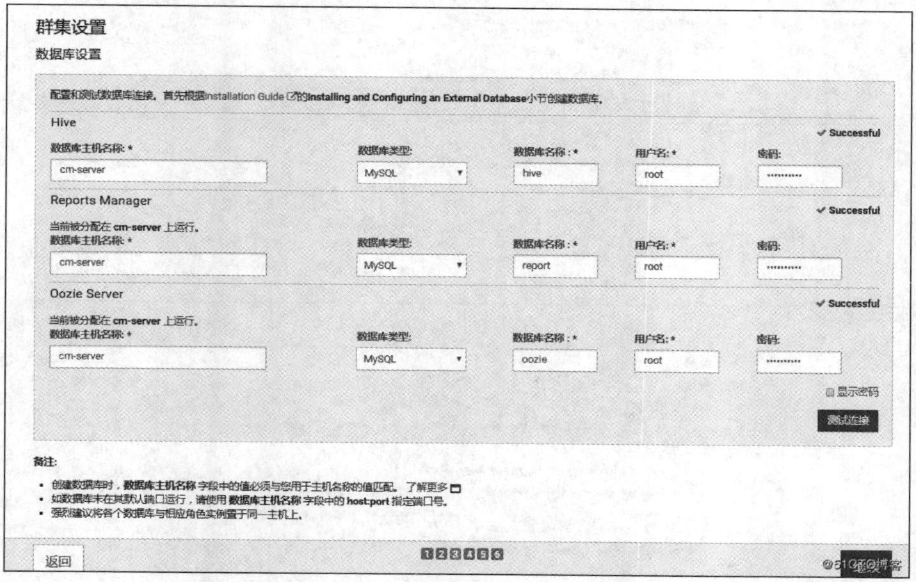

图 3—8　集群设置

审核更改(见图 3—9)。

图 3-9　审核更改

集群安装(见图 3-10)。

图 3-10　集群安装

完成安装(见图 3—11)。

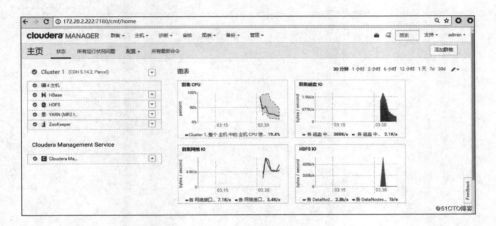

图 3—11　完成安装

安装完成后,可以实时监测集群状态(见图 3—12)。

图 3—12　集群监测

安装完毕后,还可以添加服务(见图 3—13)。

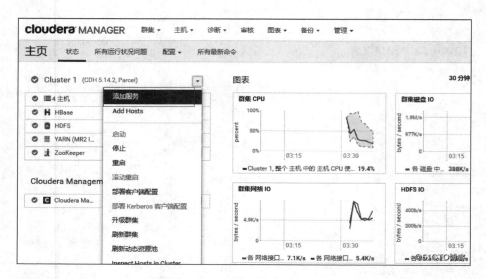

图 3—13　为集群添加服务

第4章 Hive 基本原理及安装部署

4.1 Hive 基本原理

Hive 是基于 Hadoop 的一个数据仓库工具,可以将结构化的数据文件映射为一张数据库表,并提供类 SQL 进行数据读取、写入和管理,这种数据管理方式大大提高了用户使用集群的方便性。

Hive 提供 shell、JDBC/ODBC、Thrift 和 Web 等接口。用户通过这些接口提交数据处理任务,Hive 将这些任务转化为 MapReduce 的任务交给 hadoop 集群进行处理。具体如图 4-1 所示。

Hive 主要由用户接口、元数据、解释器、编译器和优化器组成。其中用户接口主要有 CLI、JDBC/ODBC 和 WebGUI 三种。其中,CLI 为 shell 命令行;JDBC/ODBC 是 Hive 的 JAVA 实现,与传统数据库 JDBC 类似;WebGUI 是通过浏览器访问 Hive。Hive 将元数据存储在数据库中。Hive 中的元数据包括表的名字,表所属的数据库,表的列和分区及其属性(是否为外部表),表的数据所在目录等。解释器、编译器和优化器完成 HQL 查询语句从词法分析、语法分析、编译、优化以及查询计划的生成。生成的查询计划存储在 HDFS 中,并在随后由 MapReduce 调用执行。

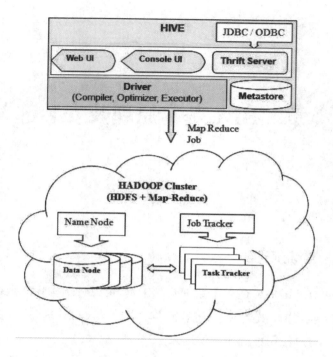

图 4—1　Hive 原理

4.2　Hive 的数据存储

Hive 的数据存放在 Hadoop 集群之上，在 Hive 中主要有两部分数据，一部分是元数据，元数据是记录数据的数据，记录着表名、所属的数据库、列（名/类型/index）、表类、表数据和分区及其在 Hadoop 上的所属目录。还有一部分数据是需要处理的数据，这部分数据是本来就存储在 Hadoop 上。Hive 将用户输入的 HQL 任务进行解析，然后提交给 Hadoop 集群，开启 MR 任务在 Hadoop 上运行。

Hive 本身是没有专门的数据存储格式，可以支持 Text、SequenceFile、parquetFile 和 RCFILE 等。Hive 也没有为数据建立索引，只需要在创建表的时候告诉 Hive 数据中的列分隔符和行分隔符，Hive 就可以解析数据了。所以往

Hive 表里面导入数据很简单：如果数据是在 HDFS 上，那么导入数据就是简单地将数据移动到表所在的目录中；如果数据在本地文件系统中，那么导入数据就是将数据复制到表所在的目录中。

Hive 中主要包含以下几种数据模型：DB（数据库）、Table（表）、External Table（外部表）、Partition（分区）和 Bucket（桶）。其关系如图 4—2 所示。

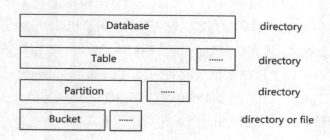

图 4—2 Hive 数据抽象模型

（1）表。Hive 中的表和关系型数据库中的表在概念上很类似，每个表在 HDFS 中都有相应的目录，用来存储表的数据，这个目录可以通过 ${HIVE_HOME}/conf/hive — site. xml 配置文件中的 hive. metastore. warehouse. dir 属性来配置，这个属性默认的值是/user/hive/warehouse（这个目录在 HDFS 上），我们可以根据实际的情况来修改这个配置。如果我有一个表 wyp，那么在 HDFS 中 会 创 建/user/hive/warehouse/wyp 目 录 （这 里 假 定 hive. metastore. warehouse. dir 配置为/user/hive/warehouse）；wyp 表所有的数据都存放在这个目录中。

（2）外部表。Hive 中的外部表和表很类似，但是其数据不是放在自己表所属的目录中，而是存放到别处，这样的好处是如果你要删除这个外部表，该外部表所指向的数据是不会被删除的，它只会删除外部表对应的元数据；而如果你要删除表，该表对应的所有数据包括元数据都会被删除。

（3）分区。在 Hive 中，表的每一个分区对应表下的相应目录，所有分区的数据都是存储在对应的目录中。比如 wyp 表有 dt 和 city 两个分区，则对应 dt ＝ 20131218，city ＝ BJ 对应表的目录为/user/hive/warehouse/wyp ／dt ＝

20131218/city＝BJ，所有属于这个分区的数据都存放在这个目录中。

（4）桶。对指定的列计算其 hash，根据 hash 值切分数据，目的是为了并行，每一个桶对应一个文件（注意和分区的区别）。比如将 wyp 表 id 列分散至 16 个桶中，首先对 id 列的值计算 hash，对应 hash 值为 0 和 16 的数据存储的 HDFS 目录为：/user /hive/warehouse/wyp/part－00000；而 hash 值为 2 的数据存储的 HDFS 目录为：/user/hive/warehouse/wyp/part－00002。

Hive 中的元数据包括表的名字、表的列和分区及其属性，表的属性（是否为外部表等），表的数据所在目录等。由于 Hive 的元数据需要不断地更新、修改，而 HDFS 系统中的文件是多读少改的，这显然不能将 Hive 的元数据存储在 HDFS 中。目前 Hive 将元数据存储在数据库中，如 Mysql、Derby 中。我们可以通过修改配置文件来修改 Hive 元数据的存储方式。

```
＜property＞
    ＜name＞javax. jdo. option. ConnectionURL＜/name＞
    ＜ value ＞ jdbc：mysql：//XXX：3306/databaseName？ createDatabase-
IfNotExist＝true＜/value＞
＜/property＞
＜property＞
    ＜name＞javax. jdo. option. ConnectionDriverName＜/name＞
    ＜value＞com. mysql. jdbc. Driver＜/value＞
＜/property＞
＜property＞
    ＜name＞javax. jdo. option. ConnectionUserName＜/name＞
    ＜value＞root＜/value＞
＜/property＞
```

4.3　Hive 的安装部署

本书中 Hive 版本 2.1.1，默认环境中 Jdk 已经正常安装，Hadoop 集群正常启动。

（1）下载 hive

首先从 Apache 官网（http：//mirror. bit. edu. cn/apache/hive/），下载安装文件，下载下来的文件放到目标目录。

（2）安装 hive

将 Hive 解压到/usr/local 下：

［root@zxy local］# tar －zxvf apache－hive－2. 1. 1－bin. tar. gz －C /usr/local/

将文件重命名为 Hive 文件：

［root@zxy local］# mv apache－hive－2. 1. 1－bin hive

修改环境变量/etc/profile：

［root@zxy local］# vim /etc/profile

①# hive

②export HIVE_HOME＝/usr/local/hive

③export PATH＝ $ PATH： $ HIVE_HOME/bin

执行 source /etc. profile：

执行 Hive － version

［root@zxy local］# hive － version

有 Hive 的版本显现，安装成功！

配置 Hive：

［root@zxy conf］# cd /usr/local/hive/conf/

配置 Hive－site. xml：

［root@zxy conf］# vim hive－site. xml

<! －－ 插入一下代码 －－>

　<property>

　　<name>javax. jdo. option. ConnectionUserName</name>

　　<value>root</value>

　</property>

　<property>

　　javax. jdo. option. ConnectionPassword

```
    <value>123456</value>
  </property>
  <property>
    <name>javax. jdo. option. ConnectionURL</name>
    <value>jdbc:mysql://192. 168. 1. 68:3306/hive</value>
  </property>
  <property>
    <name>javax. jdo. option. ConnectionDriverName</name>
    <value>com. mysql. jdbc. Driver</value>
  </property>
```

复制 mysql 的驱动程序到 hive/lib 下面

[root@zxy lib]# ll mysql—connector—java—5. 1. 18—bin. jar

—rw—r——r—— 1 root root 789885 1 月 4 01:43 mysql—connector—java—5. 1. 18—bin. jar

在 mysql 中 hive 的 schema(在此之前需要创建 mysql 下的 hive 数据库)

[root@zxy bin]# pwd

/usr/local/hive/bin

[root@zxy bin]# schematool —dbType mysql —initSchema

执行 hive 命令:

[root@localhost hive]# hive

出现 `hive>` 成功进入 Hive 界面,Hive 配置完成。

(3)测试 Hive

在 Hive 命令行界面敲入如下命令:

show databases;

create database test_work; //新建一个测试库

use test_work;

craete table course(id string);

insert into table course values("qq");

exit;

如果以上命令可以正常执行，表明 hive 已经安装和配置完成。可去 Hdfs
图形界面上查看建的表，访问 xxxx.50070。

第 5 章 Hive 的基本操作

5.1 Hive 的 DDL(data define language)操作

5.1.1 库的操作

● 创建数据库

　　create database name;

● 切换库

　　use name;

● 查看库列表

　　show databases;

　　show databases like 'test * ';

● 查看数据库的描述信息

　　desc database name; 或 desc database extended db_name; ♯查看数据库的详细信息

● 查看正在使用的库

　　select current_database();

● 删除库

　　drop database name; 只能删除空的

　　drop database name restrict; 严格模式下的删除库会进行库的检查 如

果库不是空的不允许删除。

　　drop database name cascade；删除非空数据库级联删除

　● 防报异常操作：

　　创建库和删除库的时候为了防止异常使用 if not exists 建库

　　create database if not exists test；

　　不存在则创建,存在则直接返回。

　　使用 if exists 删除库

　　drop database if exists test；

　　如果存在则执行删除操作,不存在则直接返回。

5.1.2　创建表

　● 建表语法

CREATE [EXTERNAL] TABLE [IF NOT EXISTS] table_name

[(col_name data_type [COMMENT col_comment],...)]

[COMMENT table_comment]

[PARTITIONED BY (col_name data_type [COMMENT col_comment],...)]

[CLUSTERED BY (col_name,col_name,...)]

[SORTED BY (col_name [ASC|DESC],...)] INTO num_buckets BUCKETS]

[ROW FORMAT row_format]

[STORED AS file_format]

[LOCATION hdfs_path]

　● 说明

　　(1)CREATE TABLE 创建一个指定名字的表。如果相同名字的表已经存在,则抛出异常,用户可以用 IF NOT EXISTS 选项来忽略这个异常。

　　(2)EXTERNAL 关键字可以让用户创建一个外部表,在建表的同时指定一个指向实际数据的路径(LOCATION),Hive 创建内部表时,会将数据移动到数据仓库指向的路径;若创建外部表,仅记录数据所在的路径,不对数据的位置做任何改变。在删除表的时候,内部表的元数据和数据会被一起删除,而外部表只删除元数据,不删除数据。

(3)LIKE 允许用户复制现有的表结构,但是不复制数据。

(4)ROW FORMAT?

DELIMITED〔FIELDS TERMINATED BY char〕〔COLLECTION ITEMS TER-MINATED BY char〕〔MAP KEYS TERMINATED BY char〕〔LINES TERMINATED BY char〕| SERDE serde_name〔WITH SERDEPROPERTIES（property_name＝property_value,property_name＝property_value,...）〕

用户在建表的时候可以自定义 SerDe 或者使用自带的 SerDe。如果没有指定 ROW FORMAT 或者 ROW FORMAT DELIMITED,将会使用自带的 SerDe。在建表的时候,用户还需要为表指定列,用户在指定表的列的同时,也会指定自定义的 SerDe,Hive 通过 SerDe 确定表的具体的列的数据。

(5)STORED AS

SEQUENCEFILE|TEXTFILE|RCFILE

如果文件数据是纯文本,可以使用? STORED AS TEXTFILE。如果数据需要压缩,使用 STORED AS SEQUENCEFILE。

(6)CLUSTERED BY

对于每一个表(table)或者分区,Hive 可以进一步组织成桶,也就是说桶是更为细粒度的数据范围划分。Hive 也是针对某一列进行桶的组织。Hive 采用对列值哈希,然后除以桶的个数求余的方式,决定该条记录存放在哪个桶当中。

把表(或者分区)组织成桶(Bucket)有两个理由:

①获得更高的查询处理效率。桶为表加上了额外的结构,Hive 在处理有些查询时能利用这个结构。具体而言,连接两个在(包含连接列的)相同列上划分了桶的表,可以使用 Map 端连接（Map－side join)高效地实现。比如 JOIN 操作。对于 JOIN 操作两个表有一个相同的列,如果对这两个表都进行了桶操作,那么将保存相同列值的桶进行 JOIN 操作就可以,可以大大减少 JOIN 的数据量。

②使取样(sampling)更高效。在处理大规模数据集时,在开发和修改查询的阶段,如果能在数据集的一小部分数据上试运行查询,会带来很多方便。

● 创建表的案例

①创建一个内部表

　　1307　　7048　　吴芷馨　　95　　96　　98

create table if not exists student（grade int，stu_id int，name string，yuwen string，shuxue string，yingyu string）COMMENT 'studnet score'

row format delimited fields terminated by '\t'

lines terminated by '\n'

stored as textfile

location '/user/data/student';

②创建一个外部表

create external table if not exists student_external（grade int，stu_id int，name string，yuwen string，shuxue string，yingyu string）COMMENT 'studnet score'

row format delimited fields terminated by '\t'

lines terminated by '\n'

stored as textfile

location '/user/data/student_external';

③创建一个分区表

选择一个分区字段:根据过滤条件

分区字段 grade

create external table if not exists student_ptn（stu_id int，name string，yuwen string，shuxue string，yingyu string）

COMMENT 'student score in partitions grade'

partitioned by（grade int）

row format delimited fields terminated by '\t';

分区表的字段一定不能是建表字段 。

④创建一个分桶表

分桶字段:name 排序:yuwen shuxue yingyu desc

桶个数 3

分桶表的字段一定在建表语句中

create external table if not exists student_buk（grade int，stu_id int，name string，yuwen string，shuxue string，yingyu string）

clustered by（name）sorted by（yuwen desc，shuxue desc，yingyu desc）into 3 buckets

row format delimited fields terminated by '\t'；

⑤进行表复制

关键字 like

create table if not exists stu_like like student；

只会复制表结构，表的属性（表的存储位置、表的类型）不会被复制的。

⑥ct as 语句建表

create table tablename as select … from …

将 sql 语句的查询结果存放在一个表中。

5.1.3　修改表

（1）重命名表

ALTER TABLE table_name RENAME TO new_table_name？

例：

alter table stu_like01 rename to student_copy；

（2）增加/更新列

ALTER TABLE table_name ADD｜REPLACE COLUMNS（col_name data_type［COMMENT col_comment］，…）

注：ADD 是代表新增一字段，字段位置在所有列后面（partition 列前），RE-PLACE 则是表示替换表中所有字段。

ALTER TABLE table_name CHANGE［COLUMN］col_old_name col_new_name column_type［COMMENT col_comment］［FIRST｜AFTER column_name］

例：

alter table student_copy add columns（content string）；

alter table student_copy change content text string；

alter table student_copy change text text int;

alter table student_copy change grade grade string；??

（3）增加/删除分区

ALTER TABLE table_name ADD ［IF NOT EXISTS］partition_spec ［ LOCA-TION 'location1'］partition_spec ［ LOCATION 'location2'］…

partition_spec：

： PARTITION（partition_col ＝ partition_col_value，partition_col ＝ partiton _col_value，…）

ALTER TABLE table_name DROP partition_spec，partition_spec，...

例：

alter table student_ptn add partition（grade＝1303）;

一次添加多个分区

alter table student_ptn add partition（grade＝1305）partition（grade＝1306）partition（grade＝1307）;

分区的默认存储位置：表的目录下创建的分区目录

/user/hive/hivedata/bd1808. db/student_ptn/grade＝1303

我们可以手动指定某一个分区的存储位置：

添加分区的时候指定

alter table student_ptn add partition（grade＝1308）location '/user/student/1308';

对于已经已添加的分区修改存储位置，添加数据的时候才生效，不会立即生效。

alter table tablename partition（name＝value）set location；

alter table student_ptn partition（grade＝1303）set location '/user/student/1303';

5.1.4　删除表

drop table if exists tablename；

5.1.5 表/分区 数据的清空

truncate table tablename；清空表

truncate table tablename partition(name＝value)；清空某一个分区的数据

5.1.6 查看表

● 查看表的描述信息

desc tablename；只能查看表的字段信息

desc extended tablename；查看表的详细描述信息 所有的信息放在一行的

desc formatted tablename；格式化显示表的详细信息 ＊＊＊＊

● 查看表的列表

show tables；查看当前数据库的表列表信息

show tables in dbname；查看指定数据库的表列表信息

show tables like 'student＊'；

show partitions tablename；查询指定表下的所有分区

5.2 Hive 的 DML(data managed language)操作

5.2.1 普通表的数据插入操作

● Load 方式

load data〔local〕inpath path into table tablename；

加上 local 关键字代表的是数据从本地导入,不加 local 关键字代表的是数据从 HDFS 导入的。

例:

(1)数据从本地导入

load data local inpath '/home/hadoop/tmpdata/score. txt' into table student_external；

这种方式的本质是将数据从本地上传到 hdfs 的表存储目录下。我们可以

直接将本地的数据上传到 Hive 表的 HDFS 目录下,即

　　hadoop fs —put score. txt /user/data/student_external/score1. txt;

　　数据依然可以通过 Hive 查询到。Hive 中的表就是 hdfs 一个目录的数据的管理者,只要在这个目录下添加数据,数据不管符不符合规则都会被 Hive 加载到。

　　(2)数据从 HDFS 加载

　　load data inpath '/sco_in/score. txt' into table student_external;

　　这种方式是数据移动的过程,不是复制的过程,数据是从 HDFS 的路径移动到 Hive 表空间的路径下。而且同名的数据进行加载时文件名不会冲突,在文件上传到表的管理空间的时候会对重名的文件重命名,比如 score_copy_1. txt

　　注意:上面的两种方式的最终结果都是将数据放在了 Hive 的表的空间中。

　　● Insert 方式

　　常规数据插入方法:

　　(1)单条数据插入:同 mysql 的单条数据插入,一次只能插入一条数据。

　　insert into table tablename values( );

　　例:

　　insert into table student values(1303,2345,"xh",23,45,10);

　　这种插入方式会转换为 MR 任务执行效率低。底层原理为:将数据先插入到一个临时表 values__tmp__table__2,再将此临时表中的数据读取并写出到 Hive 表的管理空间中。

　　(2)单重数据插入:一次性插入多条数据,将 sql 查询语句的查询结果进行插入。

　　insert into table tablename select . . . .

　　例:

　　insert into table student select * from student_external where yuwen>80;

　　如果需求为将 student_external 表中的 yuwen>80 的记录插入表 student,shuxue>90 的记录插入表 student01,那么可以执行下面两条语句:

　　insert into table student select * from student_external where yuwen>80;

insert into table student01 select ＊ from student_external where shuxue＞90；

执行两个插入语句需对 student_external 表扫描两次，效率不高，所以就引入下面的多重数据插入。

（3）多重数据插入：对表扫描一次将数据插入到多个表中或者是同一个表的多个分区中。

from tablename

insert into table table1 select … where …

insert into table table2 select … where …

例：

from student_external

insert into table stu01 select ＊ where yuwen＞80

insert into table stu02 select ＊ where shuxue＞90；

5.2.2 分区表数据插入问题

对于分区表的数据插入，需要注意的是，数据插入的时候必须指定分区。有两种插入方式：静态分区数据插入和动态分区数据插入。

● 静态分区数据插入

表的分区的值是手动静态指定的，在数据插入的时候需要手动指定分区的值。

（1）load 的方式

load data［local］inpath´ into table tablename partition（name＝value）；

其中 partition 用于指定分区名的，后面的括号中给的就是分区名 key＝value

例：

load data local inpath´/home/hadoop/tmpdata/score. txt´ into table student _ptn partition（grade＝1303）；

这种方式进行数据加载时不会进行数据检查，在用这种方式加载数据时一定要十分确定数据是这个分区的。

在生产环境中,很多时候使用时间作为分区字段,即一天一个分区,比如date＝20181120,采集数据是按照时间收集的 。

以上方式加载数据时是按照建表语句中的字段顺序去解析文件中的列,最后一个字段会取进行加载数据时指定的分区值,这种方式加载数据时分区字段的值不需要存储在原始数据中。

(2)insert 的方式

可以添加过滤条件,从一个非分区表抽取数据到分区表,将指定的数据放在指定的分区中。

①单重数据插入方式

insert into table tablename partition(name＝value) select … from … where …

例:

insert into table student_ptn partition(grade＝1304)

select stu_id,name,yuwen,shuxue,yingyu from student_external

where grade＝1304;

这种方式在插入数据的时候,一定要注意查询的字段和分区表中的字段匹配要一一对应 。

②多重数据插入方式

一次扫描数据,插入到多个分区中

例:

from student_external

insert into table student_ptn partition (grade＝1305)

select stu_id,name,yuwen,shuxue,yingyu where grade＝1305

insert into table student_ptn partition(grade＝1306)

select stu_id,name,yuwen,shuxue,yingyu where grade＝1306;

这种方式比较普遍,在数据插入的时候对数据进行检查。

静态分区数据插入的缺点:数据足够大,分区足够多的时候,且分区的值不确定的时候,这个时候静态分区比较麻烦。

● 动态分区数据插入

分区的值随着数据的插入动态生成的,数据在查询时需要将分区字段也查询出来。

数据插入方式只能使用 insert 的方式,不能使用 load 的方式。

insert into table tablename partition(分区字段(分区字段不需要给值)) select … from table

例:

insert into table student_ptn partition(grade) select * from student_external;

student_ptn:默认分区字段都在最后的

    stu_id   int

    name   string

    yuwen   string

    shuxue   string

    yingyu   string

    grade   int

student_external:

    grade   int

    stu_id   int

    name   string

    yuwen   string

    shuxue   string

    yingyu   string

修正:

Insert into table student_ptn partition(grade)

select stu_id,name,yuwen,shuxue,yingyu,grade from student_external;

注意:动态分区中必须将分区字段放在查询语句的最后,因为分区表中会自动将分区字段放在表的普通字段的后面。

动态分区和静态分区的区别如下。

(1)静态分区的分区是手动指定的——动态分区的分区是根据数据自动生成的。

（2）静态分区可能存在某一个分区数据为空的情况——动态分区每一个分区中至少都有一条数据的不存在空分区的可能。

（3）动态分区比较消耗性能。

动态分区中如果设置 reducetask 的个数，那么对每一个动态分区都是有效的。set reducetasks＝3；每一个分区都会启动 3 个 reducetask，在动态分区中一定要慎重使用 reducetask 的个数。

分区字段超过一个叫做多级分区，多级分区之间必然存在从属关系，例如 partition（name，age），name 称为高级分区或一级分区，age 称为二级分区。分区时先根据高级分区再根据低级分区。具体步骤如下。

（1）创建一个多级分区的表，分区字段：过滤条件。

create table if not exists student_ptn01 （stu_id int，name string，shuxue string，yingyu string）

COMMENT 'student score in partitions grade'

partitioned by （grade int，yuwen string）

row format delimited fields terminated by '\t；

（2）数据插入

①静态

a. 两个分区都是静态。

alter table student_ptn01 add partition（grade＝1303，yuwen＝'34'）；

/user/hive/hivedata/bd1808. db/student_ptn01/grade＝1303/yuwen＝34

b. 只有一个是静态分区，另外一个是动态分区。这个静态分区只能是高级分区，insert 的时候可以指定。

alter table student_ptn01 add partition（grade＝1304）；错

load

load data local inpath '/home/hadoop/tmpdata/score. txt' into table student _ptn01 partition（grade＝1303，yuwen＝'34'）；

insert 可以

insert into table student_ptn01 partition（grade＝1303，yuwen）

select stu_id，name，shuxue，yingyu，yuwen from student_external where grade＝1303；

②动态

insert into table student_ptn01 partition(grade,yuwen)

select stu_id,name,shuxue,yingyu,grade,yuwen from student_external；

5.2.3 分桶表的数据插入问题

● load 方式 不支持

load data local inpath '/home/hadoop/tmpdata/score. txt' into table student
_buk；

每一个桶的数据：分桶字段,hash％桶的个数。

load 的方式在进行数据加载的时候,不会进行数据字段的检查,无法匹配分桶字段,也无法识别任何字段。

● insert … selelct

insert into table student_buk select ＊ from student_external；

运行日志：Number of reducers（＝ 3）is more than 1

自动按照分桶个数启动相应个数的 reducetask 任务

● 分桶算法：

分桶字段 string 默认的　分桶字段,hash％桶的个数

分桶字段数值类型的时候　分桶字段％分桶个数

5.2.4 数据导出

Hive 的数据导出是指将表中的数据导出成文件,主要分为单模式导出和多模式导出。单模式导出是指单重数据导出,多模式导出是指同时依据两个以上不同的模式导出到相应的目录下面,但对整个表只扫描一遍,提高多模式数据导出的效率。

● 单模式导出

语法：

insert overwrite ［local］ directory directory1 select_statement

说明：

（1）overwrite 覆盖写出

（2）local 加上 local 是指导出本地 不加 local 是指导出 hdfs

（3）directory 指定的是本地或 hdfs 的路径

例：

insert overwrite local directory '/home/hadoop/tmpdata/test_hive' select ＊ from student_buk where grade＝1303；

● 多模式导出：

语法：

from from_statement

insert overwirte ［local］ directory directory1 select_statement1

［insert overwirte ［local］ directory directory2 select_statement2］…

5.2.5　数据查询

5.2.5.1　基本查询

（1）全表和特定列查询

①全表查询

select ＊ from emp；

②选择特定列查询

select empno，ename from emp；

Hive 的查询语言和 SQL 的查询语言类似，需要注意的是在 Hive 中大小写不敏感；Hive 的语句可以写在一行或者多行；关键字不能被缩写也不能分行；各子句一般要分行写；可以使用缩进提高语句的可读性。

（2）列别名

使用列别名可以重命名一个列，一般紧跟列名，也可以在列名和别名之间加入关键字"AS"。例如查询姓名和部门：

select ename AS name，deptno dn from emp；

（3）算术运算符

在 Hive 的语句中可以使用算术运算符，具体如表 5-1 所示。

表 5—1   **Hive 的运算符**

运算符	描 述
A+B	A 和 B 相加
A−B	A 减去 B
A＊B	A 和 B 相乘
A/B	A 除以 B
A％B	A 对 B 取余/模
A&B	A 和 B 按位取与
AB	A 和 B 按位取或
A˜B	A 和 B 按位取异或
～A	A 按位取反

例如,查询出所有员工的薪水后加 1 显示可以用下面的语句实现:

select sal ＋1 from emp;

(4)常用函数(见表 5—2)

表 5—2   **Hive 常用函数**

函 数	描 述
Count	求总行数
Max	求最大值
Min	求最小值
Sum	求总和
Avg	求平均

例如求工资的最大值可以用如下语句实现:

select max(sal) max_sal from emp;

求工资总和可以用:

select sum(sal) sum_sal from emp;

求平均工资:

select avg(sal) avg_sal from emp;

（5）Limit 语句

可以使用 limit 子句限制返回的行数。例如 select ＊ from emp limit 5；限制返回 5 行。

5.2.5.2　Where 语句

可以使用 Where 子句将不满足条件的行过滤掉，同 SQL 类似，Where 子句紧随 from 子句。例如 select ename ,sal from emp where sal ＞ 1000；

（1）比较运算符（Between/In/Is Null）

表 5－3 描述了谓词操作符，这些操作符同样可以用于 JOIN…ON 和 HAVING 语句中。

表 5－3　　　　　　　　　　　　　　Hive 比较操作符

操作符	支持的数据类型	描　述
A＝B	基本数据类型	如果 A 等于 B 则返回 TRUE,反之则返回 FALSE
A＜＝＞B	基本数据类型	如果 A 和 B 都为 NULL,则返回 TRUE,其他的和等号（＝）操作符的结果一致,如果任一为 NULL 则结果为 NULL
A＜＞B,A! ＝B	基本数据类型	A 或者 B 为 NULL 则返回 NULL;如果 A 不等于 B,则返回 TRUE,反之则返回 FALSE
A＜B	基本数据类型	A 或者 B 为 NULL,则返回 NULL;如果 A 小于 B,则返回 TRUE,反之则返回 FALSE
A＜＝B	基本数据类型	A 或者 B 为 NULL,则返回 NULL;如果 A 小于或等于 B,则返回 TRUE,反之则返回 FALSE
A＞B	基本数据类型	A 或者 B 为 NULL,则返回 NULL;如果 A 大于 B,则返回 TRUE,反之则返回 FALSE
A＞＝B	基本数据类型	A 或者 B 为 NULL,则返回 NULL;如果 A 大于等于 B,则返回 TRUE,反之则返回 FALSE
A ［NOT］ BE-TWEEN B AND C	基本数据类型	如果 A,B 或者 C 任一为 NULL,则结果为 NULL。如果 A 的值大于或等于 B 而且小于或等于 C,则结果为 TRUE,反之为 FALSE。如果使用 NOT 关键字则可达到相反的效果
A IS NULL	所有数据类型	如果 A 等于 NULL,则返回 TRUE,反之则返回 FALSE
A IS NOT NULL	所有数据类型	如果 A 不等于 NULL,则返回 TRUE,反之则返回 FALSE

续表

操作符	支持的数据类型	描　述
N(数值1,数值2)	所有数据类型	使用 IN 运算显示列表中的值
A [NOT] LIKE B	STRING 类型	B是一个 SQL 下的简单正则表达式,如果 A 与其匹配的话,则返回 TRUE;反之则返回 FALSE。B 的表达式说明如下:"x%"表示 A 必须以字母"x"开头,"%x"表示 A 必须以字母"x"结尾,而"%x%"表示 A 包含有字母"x",可以位于开头、结尾或者字符串中间。如果使用 NOT 关键字则可达到相反的效果
A RLIKE B, A RE-GEXP B	STRING 类型	B是一个正则表达式,如果 A 与其匹配,则返回 TRUE;反之返回 FALSE。匹配使用的是 JDK 中的正则表达式接口实现的,因为正则也依据其中的规则。例如,正则表达式必须和整个字符串 A 相匹配,而不是只需与其字符串匹配

（2）Like 和 RLike

可以使用 Like 和 RLike 运算选择类似的值,选择条件可以包含字符或者数字,同时可以使用通配符,其中"%"代表零个或多个字符(任意字符);"_"代表一个字符。

RLIKE 子句是 Hive 中这个功能的一个扩展,其可以通过 Java 的正则表达式来指定匹配条件,其中的 R 代表 Regular,正则表达。这样筛选的条件限制功能更加强大。

例:

查找以 2 开头薪水的员工信息:

select * from emp where sal LIKE ´2%´;

查找第二个数值为 2 的薪水的员工信息:

select * from emp where sal LIKE ´_2%´;

找薪水中含有 2 的员工信息:

select * from emp where sal RLIKE ´[2]´;

（3）逻辑运算符(And/Or/Not)

同 SQL 一样,Hive 的语句中也可以使用逻辑运算符表达字句之间的关系,表 5－4 是 Hive 中的逻辑运算符。

表 5—4　　　　　　　　　　　　　逻辑算符

操作符	含　义
AND	并
OR	或
NOT	否

例：

查询薪水大于 1000 并且部门是 30 的员工信息：

select ＊ from emp where sal＞1000 and deptno＝30；

查询薪水大于 1000，或者部门是 30 的员工信息：

select ＊ from emp where sal＞1000 or deptno＝30；

查询除了 20 部门和 30 部门以外的员工信息：

select ＊ from emp where deptno not IN(30,20)；

5.2.5.3　分组

(1)Group By 语句

GROUP BY 语句通常会和聚合函数一起使用，按照一个或者多个列队结果进行分组，然后对每个组执行聚合操作。

例：

计算 emp 表每个部门的平均工资：

select t. deptno, avg(t. sal) avg_sal from emp t group by t. deptno；

计算 emp 每个部门中每个岗位的最高薪水：

select t. deptno, t. job, max(t. sal) max_sal from emp t

group by t. deptno, t. job；

(2)Having 语句

由于 Where 关键字无法与聚合函数一起使用，因此在 Hive 中可以使用 HAVING 子句筛选聚合后的数据，而且 HAVING 子句中可以使用 SELECT 语句中用户自定义的列别名。

Having 子句和 Where 子句的区别：

①Where 针对表中的列发挥作用，查询数据；having 针对查询结果中的列发挥作用，筛选数据。

②Where 后面不能写分组函数,而 having 后面可以使用分组函数。

③having 只用于 group by 分组统计语句。

例：

筛选出平均薪水大于 2000 的部门：

select deptno,avg(sal) avg_sal from emp group by deptno

having avg_sal ＞ 2000;

5.2.5.4　Join 语句

(1)等值 Join

在 Hive 中支持通常的 SQL JOIN 语句,但是只支持等值连接,不支持非等值连接。

例：

根据员工表和部门表中的部门编号相等,查询员工编号、员工名称和部门编号：

select e. empno,e. ename,d. deptno,d. dname

from emp e join dept d on e. deptno ＝ d. deptno;

(2)表的别名

在 Hive 中使用别名可以简化查询。使用表名前缀可以提高执行效率。

例：

合并员工表和部门表：

select e. empno,e. ename,d. deptno from

emp e join dept d on e. deptno ＝ d. deptno;

其中表 emp 的别名为 e,dept 的别名为 d。

(3)内连接

只有进行连接的两个表中都存在与连接条件相匹配的数据,才会被保留下来。INNER JOIN 与 JOIN 相同。

例：

select e. empno,e. ename,d. deptno from emp e

join dept d on e. deptno ＝ d. deptno;

(4)左外连接

JOIN 操作符左边表中符合 WHERE 子句的所有记录将会被返回。

例：

select e. empno,e. ename,d. deptno from emp e

left join dept d on e. deptno ＝ d. deptno;

（5）右外连接

JOIN 操作符右边表中符合 WHERE 子句的所有记录将会被返回。

例：

select e. empno,e. ename,d. deptno from emp e

right join dept d on e. deptno ＝ d. deptno;

（6）满外连接

将会返回所有表中符合 WHERE 语句条件的所有记录。如果任一表的指定字段没有符合条件的值的话,那么就使用 NULL 值替代。

例：

select e. empno,e. ename,d. deptno from emp e

full join dept d on e. deptno ＝ d. deptno;

（7）多表连接

连接多个表需要注意的是连接 n 个表,至少需要 n－1 个连接条件,例如连接三个表,至少需要两个连接条件。

SELECT e. ename,d. deptno,l. loc_name FROM emp e

Right JOIN dept d ON d. deptno ＝ e. deptno

Right JOIN location l ON d. loc ＝ l. loc;

大多数情况下,Hive 会对每对 JOIN 连接对象启动一个 MapReduce 任务。本例中会首先启动一个 MapReduce job 对表 e 和表 d 进行连接操作,然后会再启动一个 MapReduce job 将第一个 MapReduce job 的输出和表 l;进行连接操作,因为 Hive 总是按照从左到右的顺序执行。

（8）笛卡尔积

如果在 Hive 语句中省略了连接条件,或者连接条件无效,那么 Hive 就会将所有表中的所有行进行互相连接。

例：

select empno,deptno from emp,dept;

注意:

在 Hive 的连接谓词中不支持 or,例如:

select e. empno,e. ename,d. deptno from emp e

join dept d on e. deptno = d. deptno or e. ename=d. ename;这是错误的。

5.2.5.5　排序

(1)全局排序(Order By)

在 Hive 中可以使用 order by ASC 表示按照升序排序,其中 ASC 可以省略;使用 order by DESC 对查询结果进行降序排序。Order by 永远只能在查询语句的最后,可以对多个字段进行排序,按照字段的顺序进行依次排序。排序时使用 SELECT 语句中用户自定义的列别名。Order by 是全局排序,所有的数据都通过一个 REDUCE 进行处理的过程,十分影响运行效率。

在 Hive 中可以使用 Order by + Limit 实现 Select Top N。

例:

查询员工信息按工资升序排列:

select * from emp order by sal;

查询员工信息按工资降序排列:

select * from emp order by sal desc;

(2)按照别名排序

可以按照别名进行排序,例如:

按照员工薪水的 2 倍排序:

select ename,sal * 2 twosal from emp order by twosal;

(3)多个列排序

可以按照多个列进行排序,排序的顺序是从左到右优先执行,例如:

按照部门和工资升序排序:

select ename,deptno,sal from emp order by deptno,sal ;

这个是先按部门号排序,部门号相同,按薪水升序排序。

(4)每个 MapReduce 内部排序(Sort By)

在 Hive 中可以使用 Sort By 对每个 MapReduce 内部进行排序,分区规则按照 key 的 hash 来运算,(区内排序)对全局结果集来说不是排序。

例：

①设置 reduce 个数

set mapreduce. job. reduces＝3；

②查看设置 reduce 个数

set mapreduce. job. reduces；

③根据部门编号降序查看员工信息

select ＊ from emp sort by empno desc；

④将查询结果导入到文件中(按照部门编号降序排序)

insert overwrite local directory ´/opt/module/datas/emp. txt´

row format delimited fields terminated by ´\t´

select ＊ from emp sort by deptno desc；

(5)分区排序(Distribute By)

Distribute By 类似 MR 中 partition,进行分区,结合 sort by 使用。在 Hive 中 distribute by 语句要写在 sort by 语句之前。对于 distribute by 进行测试,一定要分配多 reduce 进行处理,否则无法看到 distribute by 的效果。

例：

先按照部门编号分区,再按照员工编号降序排序。

set mapreduce. job. reduces＝3；

insert overwrite local directory ´/opt/module/datas/distribute－result´

row format delimited fields terminated by ´\t´ select ＊ from emp

distribute by job sort by empno desc；

(6)Cluster By

当 distribute by 和 sorts by 字段相同时,可以使用 cluster by 方式。cluster by 除了具有 distribute by 的功能外还兼具 sort by 的功能。但是排序只能是倒序排序,不能指定排序规则为 ASC 或者 DESC。

例：

select ＊ from emp cluster by deptno 与 select ＊ from emp distribute by deptno sort by deptno 等价。

注意:按照部门编号分区,不一定就是固定的数值,可以是 20 号和 30 号部门分到一个分区里面去。

5.2.5.6 分桶及抽样查询

(1)分桶表对于查询的好处

通过对数据进行分桶,可以获得更高的查询处理效率。桶为表加上了额外的结构,Hive 在处理有些查询时能利用这个结构。具体而言,连接两个在(包含连接列的)相同列上划分了桶的表,可以使用 Map 端连接(Map－side join)高效地实现。比如 JOIN 操作。对于 JOIN 操作两个表有一个相同的列,如果对这两个表都进行了桶操作,那么将保存相同列值的桶进行 JOIN 操作就可以,可以大大减少 JOIN 的数据量。

分桶还可以使取样(sampling)更高效。在处理大规模数据集时,在开发和修改查询的阶段,如果能在数据集的一小部分数据上试运行查询,会带来很多方便。

(2)分桶抽样查询

对于非常大的数据集,有时用户需要使用的是一个具有代表性的查询结果而不是全部结果。Hive 可以通过对表进行抽样来满足这个需求。可以使用 tablesample 抽样语句。

语法:TABLESAMPLE(BUCKET x OUT OF y)。

y 必须是 table 总 bucket 数的倍数或者因子。Hive 根据 y 的大小,决定抽样的比例。例如,table 总共分了 4 份,当 y＝2 时,抽取(4/2＝)2 个 bucket 的数据,当 y＝8 时,抽取(4/8＝)1/2 个 bucket 的数据。

x 表示从哪个 bucket 开始抽取,如果需要取多个分区,以后的分区号为当前分区号加上 y。例如,table 总 bucket 数为 4,tablesample(bucket 1 out of 2),表示总共抽取(4/2＝)2 个 bucket 的数据,抽取第 1(x)个和第 3(x＋y)个 bucket 的数据。

注意:x 的值必须小于等于 y 的值。

例:

查询表 stu_buck 中的数据:

select ＊ from stu_buck tablesample(bucket 1 out of 4 on id);

（3）数据块抽样

Hive 提供了另外一种按照百分比进行抽样的方式，这种是基于行数的，按照输入路径下的数据块百分比进行的抽样。

使用 tablesample(n percent) 根据 Hive 表数据的大小按比例抽取数据，并保存到新的 Hive 表中。如抽取原 Hive 表中 10% 的数据，可以使用语句：

create table xxx_new as select ＊ from xxx tablesample(10 percent)；

注意：select 语句不能带 Where 条件且不支持子查询，可通过新建中间表或使用随机抽样解决。

其中，tablesample(n M) 指定抽样数据的大小，单位为 M。

若使用 tablesample(n rows) 指定抽样数据的行数，其中 n 代表每个 map 任务均取 n 行数据，map 数量可通过 Hive 表的简单查询语句确认。

5.3　Hive shell 参数

5.3.1　Hive 命令行

语法结构：

bin/hive［－hiveconf x＝y］＊［＜－i filename＞］＊［＜－f filename＞|＜－e query－string＞］［－S］

说明：

1. －i 从文件初始化 HQL
2. －e 从命令行执行指定的 HQL

　　bin/hive －e ′show databases′

3. －f 执行 HQL 脚本
4. －v 输出执行的 HQL 语句到控制台
5. －p 指定服务器的端口号
6. －hiveconf x＝y 设置 hive 运行时候的参数配置

5.3.2 Hive 参数配置方式

开发 Hive 应用时不可避免地需要设定 Hive 的参数,设定 Hive 的参数可以调优 HQL 代码的执行效率,或帮助定位问题。对于一般的参数,有三种设定方式:

● 配置文件

包括:

用户自定义配置文件:$ HIVE_CONF_DIR/hive－site. xml

默认配置文件:$ HIVE_CONF_DIR/hive－default. xml

● 命令行参数

启动 Hive 时,可以添加－hiveconf param＝value 来设定参数,例如:

bin/hive －hiveconf hive. root. logger＝INFO. console

● 参数声明

可以在 HQL 中使用 set 关键字设定参数,例如:

set mapred. reduce. tasks＝100;

第 6 章　Spark 基础知识

6.1　Spark 原理

6.1.1　Spark 是什么?

Spark 是一个快速、通用和可扩展的分布式计算引擎。Spark 是 UC Berkeley AMP lab 所开发的类似 Hadoop MapReduce 的通用并行计算框架,是基于 MapReduce 算法实现的分布式计算,拥有 Hadoop MapReduce 所具有的优点; 但不同于 MapReduce 的是,Job 中间输出的结果可以保存在内存中,从而不再 需要读写入 HDFS,因此 Spark 能更好地适用于数据挖掘与机器学习等需要迭 代的 MapReduce 算法。目前 Spark 在全球已被广泛应用,其中包括阿里巴巴、 Cloudera、Databricks、IBM、Intel 和雅虎等。Spark 自 2013 年 6 月进入 Apache 的孵化器以来,已经有来自 25 个组织的 120 多位开发者参与贡献。

6.1.2　Spark 产生背景

在 Hadoop1.x 版本,当时采用的是 MRv1 版本的 MapReduce 编程模型。 MRv1 版本的实现都封装在 org.apache.hadoop.mapred 包中,MRv1 的 Map 和 Reduce 是通过接口实现的。MRv1 包括三个部分:运行时环境(JobTracker 和 TaskTracker)、编程模型(MapReduce)数据处理引擎(MapTask 和 Reduce-eTask)。Apache 为了解决 MRv1 中的缺陷,就对 Hadoop 进行了升级改造,于

是 MRv2 就诞生了。

MRv2 中,重用了 MRv1 中的编程模型和数据处理引擎,但是运行时环境被重构了。JobTracker 被拆分成了通用的资源调度平台(ResourceManager,RM)、节点管理器(NodeManager)和负责各个计算框架的任务调度模型(ApplicationMaster,AM)。ResourceManager 依然负责对整个集群的资源管理,但是在任务资源的调度方面,只负责将资源封装为 Container 分配给 ApplicationMaster 的一级调度,二级调度的细节将交给 ApplicationMaster 去完成,这大大减轻了 ResourceManager 的压力,使得 ResourceManager 更加轻量。NodeManager 负责对单个节点的资源管理,并将资源信息、Container 运行状态和健康状况等信息上报给 ResourceManager。ResourceManager 为了保证 Container 的利用率,会监控 Container,如果 Container 未在有限的时间内使用,ResourceManager 将命令 NodeManager 杀死 Container,以便将资源分配给其他任务。MRv2 的核心不再是 MapReduce 框架,而是 YARN。在以 YARN 为核心的 MRv2 中,MapReduce 框架是可插拔的,完全可以替换为其他分布式计算模型实现,比如 Spark、Storm 等。Hadoop MRv2 虽然解决了 MRv1 中的一些问题,但是由于对 HDFS 的频繁操作(包括计算结果持久化、数据备份和资源下载及 Shuffle 等)导致磁盘 I/O 成为系统性能的瓶颈,因此只适用于离线数据处理或批处理,而不能支持对迭代式、交互式和流式数据的处理。在这种情况下,Spark 诞生了。

6.1.3 Spark 适用场景

Spark 是基于内存的迭代计算框架,适用于需要多次操作特定数据集的应用场合。需要反复操作的次数越多,所需读取的数据量越大,受益就越大,数据量小但是计算密集度较大的场合,受益就相对较小。Spark 同时支持复杂的批处理、互操作和流计算,而且兼容支持 HDFS 和 Amazon S3 等分布式文件系统,可以部署在 YARN 和 Mesos 等流行的集群资源管理器上。

由于 RDD 的特性,Spark 不适用那种异步细粒度更新状态的应用,例如 Web 服务的存储或者是增量的 Web 爬虫和索引,就是对于那种增量修改的应用模型不适合。

Spark 立足于内存计算，从而不再需要频繁地读写 HDFS，这使得 Spark 能更好地适用于以下场景：

（1）迭代算法，包括大部分机器学习算法 Machine Learning 和比如 PageRank 的图形算法。

（2）交互式数据挖掘，用户大部分情况都会大量重复地使用导入 RAM 的数据（R、Excel、python）。

（3）需要持续地长时间地维护状态聚合的流式计算。

6.1.4　Spark 的特点

Spark 将代替 Hadoop MapReduce，成为未来大数据处理发展的方向。Spark 会和 Hadoop 结合，形成更大的生态圈。其实 Spark 和 Hadoop MapReduce 的重点应用场合有所不同。相对于 Hadoop MapReduce 来说，Spark 有点"青出于蓝"的感觉，Spark 是在 Hadoop MapReduce 模型上发展起来的，在它的身上能明显看到 MapReduce 的影子，所有的 Spark 并非从头创新，而是站在了巨人"MapReduce"的肩膀上。相比 Hadoop MapReduce，Spark 具有如下特点。

（1）计算速度快

大数据处理追求的是速度。Spark 允许 Hadoop 集群中的应用程序在内存中以 100 倍的速度运行，即使在磁盘上运行也能快 10 倍。在有迭代计算的领域，Spark 的计算速度远远超过 MapReduce，并且迭代次数越多，Spark 的优势越明显。这是因为 Spark 很好地利用了目前服务器内存越来越大这一优点，通过减少磁盘 I/O 来达到性能提升，将中间处理数据全部放到了内存中，仅在必要时才批量存入硬盘中。

（2）应用灵活，上手容易

Spark 在简单的 Map 及 Reduce 操作之外，还支持 SQL 查询、流式查询和复杂查询，比如开箱即用的机器学习算法。同时，用户可以在同一个工作流中无缝地搭配这些能力，应用十分灵活。

Spark 核心部分的代码为 63 个 Scala 文件，非常的轻量级。并且允许 Java、Scala 和 Python 开发者在自己熟悉的语言环境下进行工作，通过建立在 Java、Scala、Python 和 SQL(应对交互式查询)的标准 API 以方便各行各业使用,同时还包括大量开箱即用的机器学习库。它自带 80 多个高等级操作符,允许在 Shell 中进行交互式查询,即使是新手,也能轻松上手应用。

(3)兼容竞争对手

Spark 可以独立运行,除了可以运行在当下的 YARN 集群管理外,还可以读取已有的任何 Hadoop 数据。它可以运行在任何 Hadoop 数据源上,比如HBase、HDFS 等。有了这个特性,让那些想从 Hadoop 应用迁移到 Spark 上的用户方便了很多。

(4)实时处理性能非凡

MapReduce 更加适合处理离线数据(当然,在 YARN 之后,Hadoop 也可以借助其他工具进行流式计算)。Spark 很好地支持实时的流计算,依赖 Spark Streaming 对数据进行实时处理。Spark Streaming 具备功能强大的 API,允许用户快速开发流应用程序。而且不像其他的流解决方案,比如 Storm,Spark Streaming 无须额外的代码和配置,就可以做大量的恢复和交付工作。

(5)社区贡献力量巨大

从 Spark 的版本演化来看,足以说明这个平台旺盛的生命力及社区的活跃度。尤其自 2013 年以来,Spark 一度进入高速发展期,代码库提交与社区活跃度都有显著增长。以活跃度论,Spark 在所有的 Apache 基金会开源项目中位列前三,相较于其他大数据平台或框架而言,Spark 的代码库最为活跃。

6.2 Spark 架构及生态

当需要处理的数据量超过了单机尺度(比如计算机有 4GB 的内存,而需要处理 100GB 以上的数据),这时可以选择 Spark 集群进行计算,有时可能需要处理的数据量并不大,但是计算很复杂,需要大量的时间,这时可以选择利用 Spark 集群强大的计算资源,并行化地计算,其生态如图 6-1 所示。

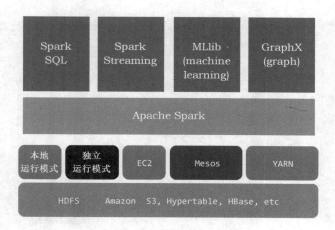

图 6—1　Spark 生态

● Spark Core：包含 Spark 的基本功能，尤其是定义 RDD 的 API 和操作以及这两者上的动作，其他 Spark 的库都是构建在 RDD 和 Spark Core 之上。

● Spark SQL：提供通过 Apache Hive 的 SQL 变体 Hive 查询语言（HiveQL）与 Spark 进行交互的 API。每个数据库表被当作一个 RDD，Spark SQL 查询被转换为 Spark 操作。

● Spark Streaming：对实时数据流进行处理和控制。Spark Streaming 允许程序能够像普通 RDD 一样处理实时数据。

● MLLIB：一个常用的机器学习算法库，算法被实现为对 RDD 的 Spark 操作。这个库包含可扩展的学习算法，比如分类、回归等需要对大量数据集进行迭代的操作。

● GraphX：控制图、并行图操作和计算的一组算法和工具的集合。GraphX 扩展了 RDD API，包含控制图、创建子图和访问路径上所有顶点的操作。

Spark 架构的组成如图 6—2 所示。

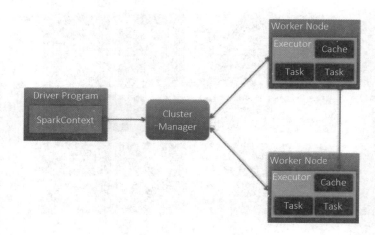

图 6—2 Spark 架构组成

● Cluster Manager：在 standalone 模式中即为 Master 主节点，控制整个集群，监控 worker，在 YARN 模式中为资源管理器。

● Worker 节点：从节点，负责控制计算节点，启动 Executor 或者 Driver。

● Driver：运行 Application 的 main()函数。

● Executor：执行器，是为某个 Application 运行在 worker node 上的一个进程。

6.3　Spark 运行流程及特点

6.3.1　Spark 运行流程过程

Spark 运行流程图如图 6—3 所示。

Spark 运行流程具体为：

第一步：构建 Spark Application 的运行环境，启动 SparkContext；

第二步：SparkContext 向资源管理器（可以是 Standalone，Mesos，Yarn）申请运行 Executor 资源，并启动 StandaloneExecutorbackend；

第三步：Executor 向 SparkContext 申请 Task；

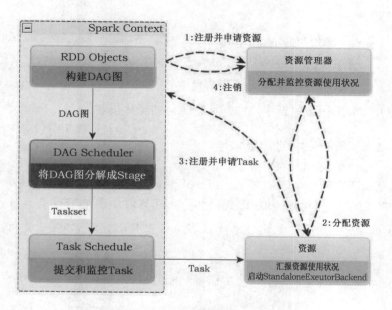

图 6-3　Spark 运行流程

第四步：SparkContext 将应用程序分发给 Executor；

第五步：SparkContext 构建成 DAG 图，将 DAG 图分解成 Stage、将 Tasks-et 发送给 Task Scheduler，最后由 Task Scheduler 将 Task 发送给 Executor 运行；

第六步：Task 在 Executor 上运行，运行完释放所有资源。

6.3.2　Spark 运行特点

Spark 具体运行特点如下。

(1)每个 Application 获取专属的 executor 进程，该进程在 Application 期间一直驻留，并以多线程方式运行 Task。这种 Application 隔离机制是有优势的，无论是从调度角度看(每个 Driver 调度他自己的任务)，还是从运行角度看(来自不同 Application 的 Task 运行在不同 JVM 中)，当然这样意味着 Spark Application 不能跨应用程序共享数据，除非将数据写入外部存储系统。

(2)Spark 与资源管理器无关，只要能够获取 executor 进程，并能保持相互通信即可。

(3)提交 SparkContext 的 Client 应该靠近 Worker 节点(运行 Executor 的
节点),最好是在同一个 Rack 里,因为 Spark Application 运行过程中,Spark-
Context 和 Executor 之间有大量的信息交换。

(4)Task 采用了数据本地性和推测执行的优化机制。

6.3.3 Spark 中的常用术语

● Application(应用程序)。Appliction 都是指用户编写的 Spark 应用程
序,其中包括一个 Driver 功能的代码和分布在集群中多个节点上运行的 Exec-
utor 代码。Spark 应用程序,由一个或多个作业 JOB 组成,如图 6.4 所示。

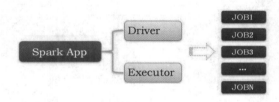

图 6—4　Spark 应用程序组成

● Driver(驱动程序)。Spark 中的 Driver 即运行上述 Application 的 main
函数并创建 SparkContext,创建 SparkContext 的目的是为了准备 Spark 应用程
序的运行环境,在 Spark 中有 SparkContext 负责与 ClusterManager 通信,进行
资源申请、任务的分配和监控等。当 Executor 部分运行完毕后,Driver 同时负
责将 SparkContext 关闭,通常用 SparkContext 代表 Driver。如图 6—5 所示。

● Executor(执行器)。某个 Application 运行在 worker 节点上的一个进
程,该进程负责运行某些 Task,并且负责将数据存到内存或磁盘上,每个 Ap-
plication 都有各自独立的一批 Executor,在 Spark on Yarn 模式下,其进程名称
为 CoarseGrainedExecutor Backend。一个 CoarseGrainedExecutor Backend 有
且仅有一个 Executor 对象,负责将 Task 包装成 taskRunner,并从线程池中抽
取一个空闲线程运行 Task,这样每一个 CoarseGrainedExecutor Backend 都能
并行运行,Task 的数量取决于分配给它的 cpu 个数,如图 6—6 所示。

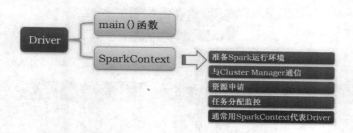

图 6—5　Driver 驱动程序组成

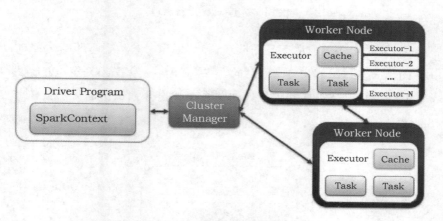

图 6—6　Executor 运行原理

● Cluter Manager(资源管理器)。指的是在集群上获取资源的外部服务。目前有三种类型：

(1)Standalone：spark 原生的资源管理，由 Master 负责资源的分配；

(2)Apache Mesos：与 hadoop MR 兼容性良好的一种资源调度框架；

(3)Hadoop Yarn：主要是指 Yarn 中的 ResourceManager。

● Worker(计算节点)。集群中任何可以运行 Application 代码的节点，在 Standalone 模式中指的是通过 slave 文件配置的 Worker 节点，在 Spark on Yarn 模式下就是 NoteManager 节点。如图 6—7 所示。

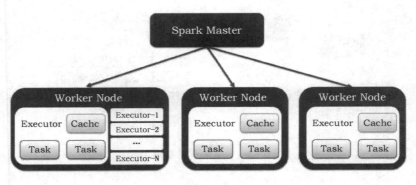

图 6—7 **Worker** 运行原理

● DAGScheduler(有向无环图调度器)。根据 Job 构建基于 Stage 的 DAG (Directed Acyclic Graph 有向无环图),并提交 Stage 给 TaskScheduler。其划分 Stage 的依据是从 RDD 之间的依赖的关系中找出开销最小的调度方法。如图 6—8 所示:

图 6—8 **DAGScheduler** 图解

● TASKScheduler(任务调度器)。将 TaskSET 提交给 worker 运行,每个 Executor 运行的 Task 就是在此处分配的。TaskScheduler 维护所有 TaskSet, 当 Executor 向 Driver 发生心跳时,TaskScheduler 会根据资源剩余情况来分配 相应的 Task。另外 TaskScheduler 还维护着所有 Task 的运行标签,重试失败 的 Task。如图 6—9 所示。

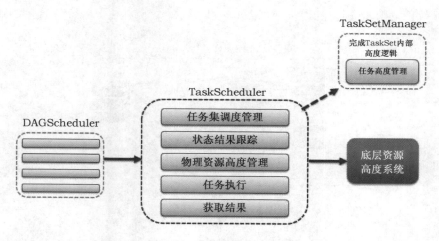

图 6—9　TaskScheduler 图解

● Job(作业)。包含多个 Task 组成的并行计算,往往由 Spark Action 触发生成,一个 Application 中往往会产生多个 Job。一个 Job 包含多个 RDD 及作用于相应 RDD 上的各种 Operation。如图 6—10 所示。

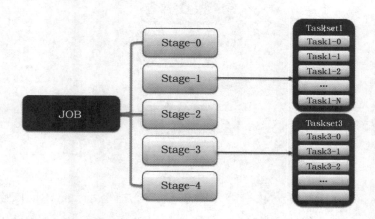

图 6—10　Job 图解

● Stage(调度阶段)。每个 Job 会被拆分成多组 Task,作为一个 TaskSet,其名称为 Stage,Stage 的划分和调度是由 DAGScheduler 来负责的,Stage 有非最终的 Stage(Shuffle Map Stage)和最终的 Stage(Result Stage)两种,Stage 的

边界就是发生 shuffle 的地方。如图 6－11 所示。

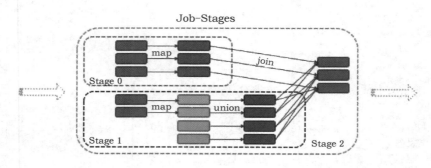

图 6－11　Stage 图解

● Task(任务)。被送到某个 Executor 上的工作单元,但 HadoopMR 中的
MapTask 和 ReduceTask 的概念一样,是运行 Application 的基本单位,多个
Task 组成一个 Stage,而 Task 的调度和管理等是由 TaskScheduler 负责。如图
6－12 所示。

图 6－12　Task 图解

● TaskSet(任务集)。由一组关联的,但相互之间没有 Shuffle 依赖关系的
任务所组成的任务集。注意:(1)一个 Stage 创建一个 TaskSet;(2)为 Stage 的
每个 Rdd 分区创建一个 Task,多个 Task 封装成 TaskSet。如图 6－13 所示。

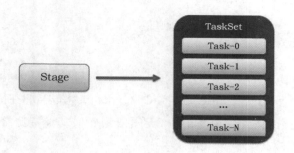

图 6－13　Stage 图解

将这些术语串起来的运行层次如图 6－14 所示。

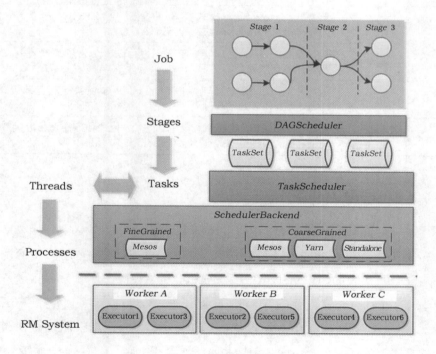

图 6－14　运行层次

其中 Job＝多个 Stage，Stage＝多个同种 task，Task 分为 ShuffleMapTask 和 ResultTask，Dependency 分为 ShuffleDependency 和 NarrowDependency。

6.4　Spark 运行模式

目前 Apache Spark 支持四种分布式部署方式，分别是 standalone、spark on mesos、spark on yarn 和 Spark on cloud standalone 模式，即独立模式，自带完整的服务，可单独部署到一个集群中，无须依赖任何其他资源管理系统。具体内容如表 6－1 所示。

表 6－1 　　　　　　　　　　　　　　Spark 的五种运行模式

Local	本地模式	常用于本地开发测试，本地还分为 local 和 local-cluster
standalone	集群模式	典型的 Master/Slave 模式，不过也能看出 Master 是有单点故障的，Spark 支持 Zookeeper 来实现 HA
On Yarn	集群模式	运行在 Yarn 资源管理器框架之上，由 Yarn 负责资源管理，Spark 负责任务调度和计算
On Mesos	集群模式	运行在 mesos 资源管理器框架之上，由 mesos 负责资源管理，Spark 负责任务调度和计算
On cloud	集群模式	比如 Aws 的 EC2，使用这个模式能很方便地访问 Amazon 的 S3；Spark 支持多种分布式存储系统，hdfs 和 S3、hbase 等

6.4.1　standalone 模式

Spark 在 standalone 模式下单点故障问题是借助 zookeeper 实现的，思想类似于 Hbase master 单点故障解决方案。Spark Standalone 模式中，资源调度室 Spark 自行实现的，其节点类型分为 Master 和 Worker，其中 Driver 运行在 Master 中，并且有长驻内存的 Master 进程守护，Worker 节点上常驻 Worker 守护进程，负责与 Master 节点通信，通过 ExecutorRunner 来控制运行在当前节点上的 CoarseGrainedExecutorBackend，每个 Worker 上存在一个或多个 CoarseGrainedExecutorBackend 进程，每个进程包含一个 Executor 对象，该对象持有一个线程池，每个线程池可以执行一个 Task。

6.4.2　On YARN 模式

Spark On YARN 模式是一种最有前景的部署模式。但限于 YARN 自身的发展,目前仅支持粗粒度模式(Coarse-grained Mode)。Spark On Yarn 提交任务的方式有两种:Yarn-client 模式与 Yarn-cluster 模式。

Yarn-client 模式如图 6－15 所示。

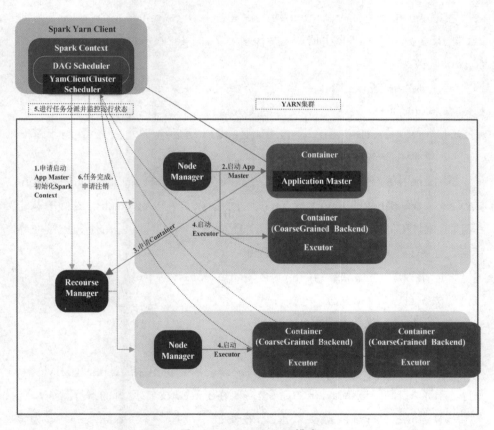

图 6－15　Yarn-client 模式

其运行原理是:

①Spark Yarn Client 向 YARN 的 ResourceManager 申请启动 Application Master,同时在 SparkContent 初始化中将创建 DAGScheduler 和 TASKScheduler 等,由于我们选择的是 Yarn－Client 模式,程序会选 YarnClientCluster-Scheduler 和 YarnClientSchedulerBackend;

②ResourceManager 收到请求后,在集群中选择一个 NodeManager,为该应用程序分配第一个 Container,要求它在这个 Container 中启动应用程序的 ApplicationMaster,与 YARN－Cluster 区别的是在该 ApplicationMaster 不运行 SparkContext,只与 SparkContext 进行联系和资源的分派;

③Client 中的 SparkContext 初始化完毕后,与 ApplicationMaster 建立通讯,向 ResourceManager 注册,根据任务信息向 ResourceManager 申请资源(Container);

④一旦 ApplicationMaster 申请到资源(也就是 Container)后,便与对应的 NodeManager 通信,要求它在获得的 Container 中启动 CoarseGrainedExecutorBackend,CoarseGrainedExecutorBackend 启动后会向 Client 中的 SparkContext 注册并申请 Task;

⑤client 中的 SparkContext 分配 Task 给 CoarseGrainedExecutorBackend 执行,CoarseGrainedExecutorBackend 运行 Task 并向 Driver 汇报运行的状态和进度,以让 Client 随时掌握各个任务的运行状态,从而可以在任务失败时重新启动任务;

⑥应用程序运行完成后,Client 的 SparkContext 向 ResourceManager 申请注销并关闭自己。

Yarn-cluster 模式如图 6－16 所示。

其运行原理为:

①Spark Yarn Client 向 YARN 中提交应用程序,包括 ApplicationMaster 程序、启动 ApplicationMaster 的命令、需要在 Executor 中运行的程序等;

②ResourceManager 收到请求后,在集群中选择一个 NodeManager,为该应用程序分配第一个 Container,要求它在这个 Container 中启动应用程序的 ApplicationMaster,其中 ApplicationMaster 进行 SparkContext 等的初始化;

③ApplicationMaster 向 ResourceManager 注册,这样用户可以直接通过 ResourceManage 查看应用程序的运行状态,然后它将采用轮询的方式通过 RPC 协议为各个任务申请资源,并监控它们的运行状态,直到运行结束;

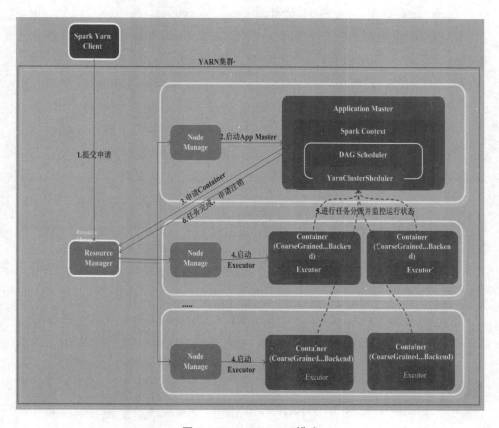

图 6.16　Yarn-cluster 模式

④一旦 ApplicationMaster 申请到资源(也就是 Container)后,便与对应的 NodeManager 通信,要求它在获得的 Container 中启动 CoarseGrainedExecutorBackend,CoarseGrainedExecutorBackend 启动后会向 ApplicationMaster 中的 SparkContext 注册并申请 Task。这一点和 Standalone 模式一样,只不过 SparkContext 在 Spark Application 中初始化时,使用 CoarseGrainedSchedulerBackend 配合 YarnClusterScheduler 进行任务的调度,其中 YarnClusterScheduler 只是对 TaskSchedulerImpl 的一个简单包装,增加了对 Executor 的等待逻辑等;

⑤ApplicationMaster 中的 SparkContext 分配 Task 给 CoarseGrainedExecutor Backend 执行,CoarseGrainedExecutorBackend 运行 Task 并向 Application-Master 汇报运行的状态和进度,以让 ApplicationMaster 随时掌握各个任务的运行状态,从而可以在任务失败时重新启动任务;

⑥应用程序运行完成后,ApplicationMaster 向 ResourceManager 申请注销并关闭自己。

理解 Yarn-client 和 Yarn-cluster 深层次的区别之前,先清楚一个概念:Application Master。在 YARN 中,每个 Application 实例都有一个 Application-Master 进程,它是 Application 启动的第一个容器。它负责和 ResourceManager 打交道并请求资源,获取资源之后再告诉 NodeManager 为其启动 Container。从深层次的含义讲,YARN-Cluster 和 YARN-Client 模式的区别,其实就是 ApplicationMaster 进程的区别。

Yarn-cluster 模式下,Driver 运行在 AM(Application Master)中,它负责向 YARN 申请资源,并监督作业的运行状况。当用户提交了作业之后,就可以关掉 Client,作业会继续在 YARN 上运行,因而 YARN-Cluster 模式不适合运行交互类型的作业。Yarn-client 模式下,Application Master 仅仅向 YARN 请求 Executor,Client 会和请求的 Container 通信来调度他们工作,也就是说 Client 不能离开。

因为在 Spark 作业运行过程中,一般情况下会有大量数据在 Driver 和集群中进行交互,所以如果是基于 Yarn-client 的模式,则会在程序运行过程中产生大量的网络数据传输,造成网卡流量激增;而基于 Yarn-cluster 这种模式,因为 driver 本身就在集群内部,所以数据的传输也是在集群内部来完成,那么网络传输压力相对要小;所以在企业生产环境下多使用 Yarn-cluster 这种模式,测试多用 Yarn-client 这种模式。但是也带来一个问题,就是不方便监控日志,Yarn-cluster 这种模式要想监控日志,必须要到每一台机器上面去查看,但这都不是问题,因为有 sparkUI,同时也有各种各样的日志监控组件。

6.4.3 On Mesos 模式

Spark On Mesos 模式,Spark 运行在 Mesos 上会比运行在 YARN 上更加灵活,更加自然。在 Spark On Mesos 环境中,用户可选择粗粒度模式(Coarse-grained Mode)和细粒度模式(Fine-grained Mode)两种调度模式之一来运行自己的应用程序。Spark 默认运行的就是细粒度模式,这种模式的优点是支持资源的抢占,Spark 和其他 Frameworks 以非常细的粒度运行在同一个集群中,每个 Application 可以根据任务运行的情况,在运行过程中动态地获得更多或更少的资源(mesos 动态资源分配),但是这会在每个 Task 启动的时候增加一些额外的开销。这个模式不适合一些低延时场景,例如交互式查询或者 Web 服务请求等。其中 Spark 中运行的每个 Task 的运行都需要去申请资源,也就是说,启动每个 Task 都增加了额外的开销。粗粒度模式启动 Task 的时候开销比较小,但是该模式运行的时候每个 Application 会一直占有一定的资源,直到整个 Application 结束后才会释放资源。

在粗粒度模式下,一个 Application 启动时会获取集群中所有的 cpu(mesos 资源邀约的所有 cpu),这会导致在这个 Application 运行期间,你无法再运行其他任务,但可以控制一个 Application 获取到的最大资源来解决这个问题。其中涉及的一些参数如表 6-2 所示。

表 6-2　　　　　　　　　　　　　一些相关参数

属性名	默认值	描　述
spark. mesos. coarse	false	是否使用粗粒度模式运行 spark 任务
spark. mesos. extra. cores	0	只能在粗粒度模式下使用,为每个 task 增加额外的 cpu,但是总的 cpu 数不会超过 spark. cores. max 设置的数量
spark. mesos. mesos Executor. cores	1.0	即使 spark task 没有执行,每个 mesos executor 也会持续的拥有这些 cpu,可以设置浮点数
spark. mesos. executor. memoryOverhead	executor memory * 0.10, with minimum of 384	每个 executor 额外的一些内存,单位是 mb,默认情况下,该值是 spark. executor. memory 的 0.1 倍,且不小于 384mb。如果进行了设置,就会变成你设置的值

6.4.4　On cloud 模式

比如 AWS 的 EC2,使用这种模式,方便地访问 Amazon 的 S3。

第 7 章　Spark RDD 编程

弹性分布式数据集(Resilient Distributed Dataset, RDD),是 Spark 中最基本的数据抽象,它代表一个不可变、可分区和里面的元素可并行计算的集合,RDD 其实就是分布式的元素集合。在 Spark 中,对数据的所有操作不外乎创建 RDD,转化已有 RDD 以及调用 RDD 操作进行求值。RDD 具有数据流模型的特点:自动容错、位置感知性调度和可伸缩性。RDD 允许用户在执行多个查询时显式地将工作集缓存在内存中,后续的查询能够重用工作集,这极大地提升了查询速度。

RDD 可以包含 Python、Java 和 Scala 中任意类型的对象,甚至可以包含用户自定义的对象。用户可以使用两种方法创建 RDD,第一种,读取外部数据集,如文件、Hive 数据库等;第二种,在驱动器程序中对一个集合进行并行化,如 list、set 等。

7.1　RDD 设计与运行原理

7.1.1　RDD 设计背景

在实际应用中,存在许多迭代式算法(比如机器学习、图算法等)和交互式数据挖掘工具,这些应用场景的共同之处是,不同计算阶段之间会重用中间结果,即一个阶段的输出结果会作为下一个阶段的输入。但是,目前的 MapReduce 框架都是把中间结果写入到 HDFS 中,带来了大量的数据复制、磁盘 IO

和序列化开销。虽然类似 Pregel 等图计算框架也是将结果保存在内存当中,但这些框架只能支持一些特定的计算模式,并没有提供一种通用的数据抽象。RDD 就是为了满足这种需求而出现的,它提供了一个抽象的数据架构,我们不必担心底层数据的分布式特性,只需将具体的应用逻辑表达为一系列转换处理,不同 RDD 之间的转换操作形成依赖关系,就可以实现管道化,从而避免了中间结果的存储,大大降低了数据复制、磁盘 IO 和序列化开销。

7.1.2　RDD 概念

一个 RDD 就是一个分布式对象集合,本质上是一个只读的分区记录集合,每个 RDD 可以分成多个分区,每个分区就是一个数据集片段,并且一个 RDD 的不同分区可以被保存到集群中不同的节点上,从而可以在集群中的不同节点上进行并行计算。RDD 提供了一种高度受限的共享内存模型,即 RDD 是只读的记录分区的集合,不能直接修改,只能基于稳定的物理存储中的数据集来创建 RDD,或者通过在其他 RDD 上执行确定的转换操作(如 map、join 和 group-By)而创建得到新的 RDD。

RDD 提供了一组丰富的操作以支持常见的数据运算,分为行动(Action)和转换(Transformation)两种类型,前者用于执行计算并指定输出的形式,后者指定 RDD 之间的相互依赖关系。两类操作的主要区别是,转换操作(比如 map、filter、groupBy、join 等)接受 RDD 并返回 RDD,而行动操作(比如 count、collect 等)接受 RDD 但是返回非 RDD(即输出一个值或结果)。RDD 提供的转换接口都非常简单,都是类似 map、filter、groupBy、join 等粗粒度的数据转换操作,而不是针对某个数据项的细粒度修改。

因此,RDD 比较适合对于数据集中元素执行相同操作的批处理式应用,而不适合用于需要异步、细粒度状态的应用,比如 Web 应用系统、增量式的网页爬虫等。正因为这样,这种粗粒度转换接口设计,会使人直觉上认为 RDD 的功能很受限、不够强大。但是,实际上 RDD 已经被实践证明可以很好地应用于许多并行计算中,可以具备很多现有计算框架(比如 MapReduce、SQL、Pregel 等)的表达能力,并且可以应用于这些框架处理不了的交互式数据挖掘中。

Spark 用 Scala 语言实现了 RDD 的 API,程序员可以通过调用 API 实现对

RDD的各种操作。RDD典型的执行过程如下。

（1）RDD读入外部数据源（或者内存中的集合）进行创建；

（2）RDD经过一系列的"转换"操作，每一次都会产生不同的RDD，供给下一个"转换"使用；

（3）最后一个RDD经"行动"操作进行处理，并输出到外部数据源（或者变成Scala集合或标量）。

需要说明的是，RDD采用了惰性调用，即在RDD的执行过程中（如图7-1所示），真正的计算发生在RDD的"行动"操作，对于"行动"之前的所有"转换"操作，Spark只是记录下"转换"操作应用的一些基础数据集以及RDD生成的轨迹，即相互之间的依赖关系，而不会触发真正的计算。

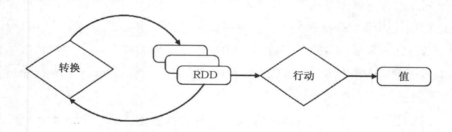

图7-1 Spark的转换和行动操作

例如在图7-2中，从输入中逻辑上生成A和C两个RDD，经过一系列"转换"操作，逻辑上生成了F（也是一个RDD），之所以说是逻辑上，是因为这时候计算并没有发生，Spark只是记录了RDD之间的生成和依赖关系。当F要进行输出时，也就是当F进行"行动"操作的时候，Spark才会根据RDD的依赖关系生成DAG，并从起点开始真正地计算。

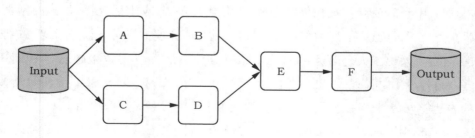

图7-2 RDD执行过程的一个实例

例：一个 Spark 的"Hello World"程序

这里以一个"Hello World"入门级 Spark 程序来解释 RDD 执行过程，这个
程序的功能是读取一个 HDFS 文件，计算出包含字符串"Hello World"的
行数

启动 Pyspark

PYSPARK_PYTHON＝python3 . /bin/pyspark

Spark 2.1.0 仅支持 Python 2.7＋/3.4＋的版本。本书统一使用 Python
3.4 以上的版本。在 Ubuntu 16.04 中已经自带了 Python 3.5,就不用再安装
Python。如系统中仍未安装好 Python 3.4 以上的版本，那就请安装 Python
3.4 以上的版本。

在 pyspark 的交互环境下，输入如下代码：

```
fileRDD = sc. textFile('hdfs://localhost:9000/test. txt')
def contains(line):
... return 'hello world' in line
filterRDD = fileRDD. filter(contains)
filterRDD. cache( )
filterRDD. count( )
```

可以看出，一个 Spark 应用程序，基本是基于 RDD 的一系列计算操作。第
1 行代码从 HDFS 文件中读取数据创建一个 RDD；第 2、3 行定义一个过滤函
数；第 4 行代码对 fileRDD 进行转换操作得到一个新的 RDD，即 filterRDD；第 5
行代码表示对 filterRDD 进行持久化，把它保存在内存或磁盘中（这里采用
cache 接口把数据集保存在内存中），方便后续重复使用，当数据被反复访问时
（比如查询一些热点数据，或者运行迭代算法），这是非常有用的，而且通过
cache( )可以缓存非常大的数据集，支持跨越几十甚至上百个节点；第 5 行代
码中的 count( )是一个行动操作，用于计算一个 RDD 集合中包含的元素个
数。这个程序的执行过程如下：

＊ 创建这个 Spark 程序的执行上下文，即创建 SparkContext 对象；

＊ 从外部数据源（即 HDFS 文件）中读取数据创建 fileRDD 对象；

＊ 构建起 fileRDD 和 filterRDD 之间的依赖关系，形成 DAG 图，这时候并

没有发生真正的计算,只是记录转换的轨迹;

* 执行到第 6 行代码时,count( )是一个行动类型的操作,触发真正的计算,开始实际执行从 fileRDD 到 filterRDD 的转换操作,并把结果持久化到内存中,最后计算出 filterRDD 中包含的元素个数。

7.1.3 RDD 特性

总体而言,Spark 采用 RDD 以后能够实现高效计算的主要原因如下。

(1)高效的容错性。现有的分布式共享内存、键值存储和内存数据库等,为了实现容错,必须在集群节点之间进行数据复制或者记录日志,也就是在节点之间会发生大量的数据传输,这对于数据密集型应用而言,会带来很大的开销。在 RDD 的设计中,数据只读,不可修改,如果需要修改数据,必须从父 RDD 转换到子 RDD,由此在不同 RDD 之间建立血缘关系。所以,RDD 是一种天生具有容错机制的特殊集合,不需要通过数据冗余的方式(比如检查点)实现容错,而只需通过 RDD 父子依赖(血缘)关系,重新计算得到丢失的分区来实现容错,无须回滚整个系统,这样就避免了数据复制的高开销,而且重算过程可以在不同节点之间并行进行,实现了高效的容错。此外,RDD 提供的转换操作都是一些粗粒度的操作(比如 map、filter 和 join),RDD 依赖关系只需要记录这种粗粒度的转换操作,而不需要记录具体的数据和各种细粒度操作的日志(比如对哪个数据项进行了修改),这就大大降低了数据密集型应用中的容错开销。

(2)中间结果持久化到内存。数据在内存中的多个 RDD 操作之间进行传递,不需要“落地”到磁盘上,避免了不必要的读写磁盘开销。

(3)存放的数据可以是 Java 对象,避免了不必要的对象序列化和反序列化开销。

7.1.4 RDD 之间的依赖关系

RDD 中不同的操作会使得不同 RDD 中的分区会产生不同的依赖。RDD 中的依赖关系分为窄依赖(Narrow Dependency)与宽依赖(Wide Dependency),下图 7—3 展示了两种依赖之间的区别。

窄依赖表现为一个父 RDD 的分区对应于一个子 RDD 的分区,或多个父

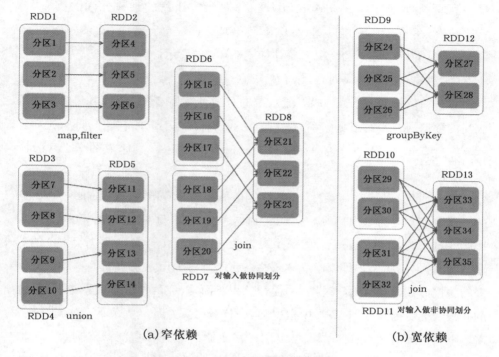

图7－3　窄依赖与宽依赖的区别

RDD 的分区对应于一个子 RDD 的分区;比如图 7－3(a)中,RDD1 是 RDD2 的父 RDD,RDD2 是子 RDD,RDD1 的分区 1,对应于 RDD2 的一个分区(即分区 4);再比如,RDD6 和 RDD7 都是 RDD8 的父 RDD,RDD6 中的分区(分区 15)和 RDD7 中的分区(分区 18),两者都对应于 RDD8 中的一个分区(分区 21)。

　　宽依赖则表现为存在一个父 RDD 的一个分区对应一个子 RDD 的多个分区。比如图 7－3(b)中,RDD9 是 RDD12 的父 RDD,RDD9 中的分区 24 对应了 RDD12 中的两个分区(即分区 27 和分区 28)。

　　总体而言,如果父 RDD 的一个分区只被一个子 RDD 的一个分区所使用就是窄依赖,否则就是宽依赖。窄依赖典型的操作包括 map、filter 和 union 等,宽依赖典型的操作包括 groupByKey、sortByKey 等。对于连接(join)操作,可以分为两种情况。

　　(1)对输入进行协同划分,属于窄依赖

所谓协同划分(co-partitioned)是指多个父 RDD 的某一分区的所有"键(key)",落在子 RDD 的同一个分区内,不会产生同一个父 RDD 的某一分区,落在子 RDD 的两个分区的情况。具体如图 7－3(a)所示。

(2)对输入做非协同划分,属于宽依赖

对于窄依赖的 RDD,可以以流水线的方式计算所有父分区,不会造成网络之间的数据混合。对于宽依赖的 RDD,则通常伴随着 Shuffle 操作,即首先需要计算好所有父分区数据,然后在节点之间进行 Shuffle。具体如图 7－3(b)所示。

Spark 的这种依赖关系设计,使其具有了天生的容错性,大大加快了 Spark 的执行速度。因为 RDD 数据集通过"血缘关系"记住了它是如何从其他 RDD 中演变过来的,血缘关系记录的是粗颗粒度的转换操作行为,当这个 RDD 的部分分区数据丢失时,它可以通过血缘关系获取足够的信息来重新运算和恢复丢失的数据分区,由此带来了性能的提升。相对而言,在两种依赖关系中,窄依赖的失败恢复更为高效,它只需要根据父 RDD 分区重新计算丢失的分区即可(不需要重新计算所有分区),而且可以同时在不同节点进行重新计算。而对于宽依赖而言,单个节点失效通常意味着重新计算过程会涉及多个父 RDD 分区,开销较大。此外,Spark 还提供了数据的检查点和记录日志,用于持久化中间 RDD,从而使得在进行失败恢复时不需要追溯到最开始的阶段。在进行故障恢复时,Spark 会对数据检查点开销和重新计算 RDD 分区的开销进行比较,从而自动选择最优的恢复策略。

7.1.5　阶段的划分

Spark 通过分析各个 RDD 的依赖关系生成了 DAG,再通过分析各个 RDD 中的分区之间的依赖关系来决定如何划分阶段,具体划分方法是:在 DAG 中进行反向解析,遇到宽依赖就断开,遇到窄依赖就把当前的 RDD 加入当前的阶段中;将窄依赖尽量划分在同一个阶段中,可以实现流水线计算(具体的阶段划分算法请参见 AMP 实验室发表的论文:Resilient Distributed Datasets:A Fault-Tolerant Abstraction for In-Memory Cluster Computing)。

如图 7－4 所示,假设从 HDFS 中读入数据生成 3 个不同的 RDD(即 A、C

和 E），通过一系列转换操作后再将计算结果保存回 HDFS。对 DAG 进行解析时，再依赖图中进行反向解析。由于从 RDD A 到 RDD B 的转换以及从 RDD B 和 F 到 RDD G 的转换，都属于宽依赖，因此，在宽依赖处断开后可以得到三个阶段，即阶段 1、阶段 2 和阶段 3。可以看出，在阶段 2 中，从 map 到 union 都是窄依赖，这两步操作可以形成一个流水线操作，比如，分区 7 通过 map 操作生成的分区 9，可以不用等待分区 8 到分区 9 这个转换操作的计算结束，而是继续进行 union 操作，转换得到分区 13，这样流水线的执行大大提高了计算的效率。

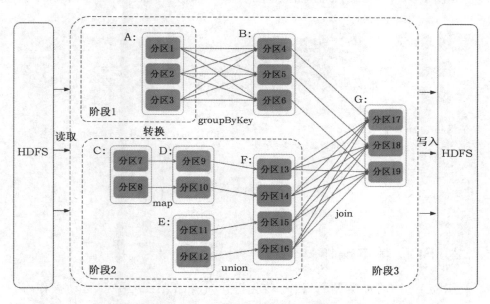

图 7—4　根据 RDD 分区的依赖关系划分阶段

　　由上述论述可知，把一个 DAG 图划分成多个"阶段"以后，每个阶段都代表了一组关联的、相互之间没有 Shuffle 依赖关系的任务组成的任务集合。每个任务集合会被提交给任务调度器（TaskScheduler）进行处理，由任务调度器将任务分发给 Executor 运行。

7.1.6　RDD 运行过程

　　通过上述对 RDD 概念、依赖关系和阶段划分的介绍，结合之前介绍的

Spark 运行基本流程,总结 RDD 在 Spark 架构中的运行过程,如图 7—5 所示。

(1)创建 RDD 对象。

(2)SparkContext 负责计算 RDD 之间的依赖关系,构建 DAG。

(3)DAGScheduler 负责把 DAG 图分解成多个阶段,每个阶段中包含了多个任务,每个任务会被任务调度器分发给各个工作节点(Worker Node)上的 Executor 去执行。

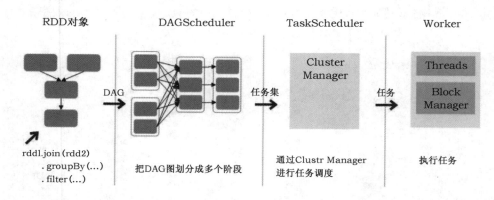

图 7—5　RDD 在 Spark 架构中的运行过程

7.2　RDD 基本操作

RDD 支持两种类型的操作:转化操作(transformation)和行动操作(action)。

转化操作从一个已存在的 RDD 创建一个新的 RDD;行动操作在 RDD 上进行计算后将结果值返回给驱动程序的操作。例如,map 通过遍历 RDD 的每一个元素,进行相应的用户定义的操作,并返回表示结果的新 RDD 的转换操(transformation)。另一方面,reduce 是使用一些函数聚合 RDD 的所有元素,并将最终结果返回给驱动程序的行动操作(action)。分辨一个操作到底是转化操作还是行动操作,可以根据返回值类型来直观判断,即转化操作返回值皆为 RDD,行动操作则是表示计算结果的 Int、String、Array、List 类型返回值(当然也存在例外,例如 reduceByKey,其虽为行动操作,但返回的仍为 RDD。

RDD 的惰性计算：可以在任何时候定义新的 RDD，但 Spark 会惰性计算这些 RDD。它们只有在第一次行动操作中用到的时候才会真正计算。此时也不是把所有的计算都完成，而是进行到满足行动操作的行为为止。lines. first( )：Spark 只会计算 RDD 的第一个元素的值。

Spark 中的所有转换操作都是懒惰计算的，因为它们不会马上计算结果。相反，它们只记住应用于某些基本数据集（RDD）的转换关系（RDD 转化谱系图）。只有当某个行动操作（action）需要将结果返回给驱动程序时才会真正地进行转换计算。这种设计使 Spark 能够更高效地运行。

例如，通过对创建的 RDD 依次调用 map、reduce 操作，返回到驱动程序的仅是经过 map、reduce 最终处理后的结果（很小的结果集），而不是经 map 操作后的很大的映射数据集，这也反映出了惰性求值在大数据分析领域的合理性。默认情况下，被重用的中间结果 RDD 可能会在每次对其进行行动操作时重新计算。但是，可以使用 persist（cache）方法在内存中保留被重用的中间结果 RDD，在这种情况下，Spark 将在集群内存上保留该 RDD，以便在下次查询时进行更快地访问，还支持在磁盘上持久存储 RDD。

7.2.1　RDD 的基本转化操作实例

操作如表 7－1 和表 7－2 所示。

表 7－1　　　　对一个数据为{1,2,3,3}的 RDD 进行基本的 RDD 转化操作

函数名	目　的	示　例	结　果
map( )	将函数应用于 RDD 的每一元素，将返回值构成新的 RDD	rdd. map（x＝＞x＋1）	{2,3,4,4}
flatMap( )	将函数应用于 RDD 的每一元素，将返回的迭代器的所有内容构成新的 RDD. 通常用于切分单词	rdd. flatMap（x＝＞x. to(3)）	{1,2,3,2,3,3,3}
filter( )	返回一个由通过传给 filter()的函数的元素组成的 RDD	rdd. filter(x＝＞x!＝1)	{2,3,3}
distinct( )	去重	rdd. distinct()	{1,2,3}

续表

函 数 名	目 的	示 例	结 果
sample(with Replacement, fraction,[seed])	对 RDD 采用,以及是否替换	rdd. sample (false, 0. 5)	非确定的

表 7—2　对数据分别为{1,2,3}和{3,4,5}的 RDD 进行针对两个 RDD 的转化操作

函 数 名	目 的	示 例	结 果
union( )	生成一个包含两个 RDD 中所有元素的 RDD	rdd. union(other)	{1,2,3, 3,4,5}
intersection( )	求两个 RDD 共同的元素的 RDD	rdd. intersection (other)	{3}
subtract( )	移除一个 RDD 中的内容(例如移除训练数据)	rdd. subtract (other)	{1,2}
cartesian( )	与另一个 RDD 的笛卡儿积	rdd. cartesian(other)	{(1,3),(1, 4),(3,5)}

7.2.2　RDD 的基本行动操作实例

具体如表 7—3 所示。

表 7—3　　　对一个数据为{1,2,3,3}的 RDD 进行基本的 RDD 行动操作

函 数 名	目 的	示 例	结 果
collect( )	返回 RDD 中的所有元素	rdd. collect( )	{1,2,3,3}
count( )	RDD 中的元素个数	rdd. count( )	4
countByValue( )	各元素在 RDD 中出现的次数	rdd. countByValue ( )	{(1,1),(2, 1),(3,2)}
take(num)	从 RDD 中返回 num 个元素	rdd. take(2)	{1,2}
top(num)	从 RDD 中返回最前面的 num 个元素	rdd. top(2)	{3,3}
takeOrdered(num) (ordering)	从 RDD 中按照提供的顺序返回最前面的 num 个元素	rdd. takeOrdered (2)(myOrdering)	{3,3}
takeSample (withReplacement, num,[seed])	从 RDD 中返回任意一些元素	rdd. takeSample (false,1)	非确定的

函数名	目　　　的	示　　例	结　果
reduce(func)	并行整合 RDD 中所有数据（例如 sum）	rdd. reduce((x, y) => x + y)	9
fold(zero)(func)	和 reduce() 一样，但是需要提供初始值 注意：不重复元素加初始值，重复元素只加一个	rdd. fold(0)((x,y) => x + y)	9
aggregate（zeroValue）(seqOp,combOp)	和 reduce() 相似，但是通常返回不同类型的函数 注意：不重复元素加初始值，重复元素只加一个	rdd. aggregate((0, 0))((x, y) => (x. _1 + y, x. _2 + 1),(x,y) => (x. _1 + y. _1,x. _2 + y. _2))	(9,4)
foreach(func)	对 RDD 中的每个元素使用给定的函数	rdd. foreach(func)	无

7. 2. 3　Spark 中 RDD 编程

（1）RDD 可以通过两种方式创建

①第一种：读取一个外部数据集。比如，从本地文件加载数据集，或者从 HDFS 文件系统、HBase、Cassandra 和 Amazon S3 等外部数据源中加载数据集。Spark 可以支持文本文件、SequenceFile 文件（Hadoop 提供的 Sequence-File 是一个由二进制序列化过的 key/value 的字节流组成的文本存储文件）和其他符合 Hadoop InputFormat 格式的文件。参考代码如下。

```
import org. apache. log4j. Level
import org. apache. log4j. Logger
import org. apache. spark. SparkConf
import org. apache. spark. _
import scala. collection. immutable. ListMap
object WordCount {
  def main(args: Array[String]) {
    Logger. getLogger("org"). setLevel(Level. ERROR)
    val conf = new SparkConf(). setAppName("wordCounts"). setMas-
ter("local[ * ]")
    val sc = new SparkContext(conf)
    val lines = sc. textFile("in/word_count. text")
    //val lines = sc. textFile("file:///Users/Phoebe/Documents/exam-
ple/scala-spark-tutorial/in/word_count. text")
    val words = lines. flatMap(line => line. split(" "))
    val wordCounts = words. countByValue()
    val resultValue = ListMap(wordCounts. toSeq. sortBy(_. _1):_ * )
    println(resultValue. getClass)
    for ((word,count) <- resultValue) println(word + " : " + count)
  }
}
```

②第二种:从内存里构造 RDD。使用的方法:makeRDD 和 parallelize 方法,参考代码如下。

```
import org. apache. log4j. Level
import org. apache. log4j. Logger
import org. apache. spark. SparkConf
import org. apache. spark. _
import scala. collection. immutable. ListMap
object Demo {
    /* 使用 makeRDD 创建 RDD */
    def main(args：Array[String]) {
      Logger. getLogger("org"). setLevel(Level. ERROR)
      val conf = new SparkConf(). setAppName("Demo"). setMaster("
local[ * ]")
      val sc = new SparkContext(conf)
      /* List */
      val rdd01 = sc. makeRDD(List(1,2,3,4,5,6))
      val r01 = rdd01. map { x => x * x }
      println(r01. collect(). mkString(","))
      /* Array */
      val rdd02 = sc. makeRDD(Array(1,2,3,4,5,6))
      val r02 = rdd02. filter { x => x < 5 }
      println(r02. collect(). mkString(","))
      val rdd03 = sc. parallelize(List(1,2,3,4,5,6),1)
      val r03 = rdd03. map { x => x + 1 }
      println(r03. collect(). mkString(","))
      /* Array */
      val rdd04 = sc. parallelize(List(1,2,3,4,5,6),1)
      val r04 = rdd04. filter { x => x > 3 }
      println(r04. collect(). mkString(","))
    }
}
```

（2）RDD 的操作

和 Scala 中集合的操作非常类似，RDD 的操作分为转化操作（transformation）和行动操作（action）。

RDD 之所以将操作分成这两类，这是和 RDD 惰性运算有关，当 RDD 执行转化操作的时候，实际计算并没有被执行，只有当 RDD 执行行动操作的时候才会促发计算任务提交，执行相应的计算操作。

区别转化操作和行动操作也非常简单，转化操作就是从一个 RDD 产生一个新的 RDD 操作，而行动操作就是进行实际的计算。

表 7.4 列出了一些 RDD 的基本操作。

表 7—4　　　　　　　　　　　　　　　　**RDD 基本操作**

操作类型	函数名	作　用
转化操作	map()	参数是函数，函数应用于 RDD 每一个元素，返回值是新的 RDD
	flatMap()	参数是函数，函数应用于 RDD 每一个元素，将元素数据进行拆分，变成迭代器，返回值是新的 RDD
	filter()	参数是函数，函数会过滤掉不符合条件的元素，返回值是新的 RDD
	distinct()	没有参数，将 RDD 里的元素进行去重操作
	union()	参数是 RDD，生成包含两个 RDD 所有元素的新 RDD
	intersection()	参数是 RDD，求出两个 RDD 的共同元素
	subtract()	参数是 RDD，将原 RDD 里和参数 RDD 里相同的元素去掉
	cartesian()	参数是 RDD，求两个 RDD 的笛卡儿积
行动操作	collect()	返回 RDD 所有元素
	count()	RDD 里元素个数
	countByValue()	各元素在 RDD 中出现次数
	reduce()	并行整合所有 RDD 数据，例如求和操作
	fold(0)(func)	和 reduce 功能一样，不过 fold 带有初始值
	aggregate(0)(seqOp,combop)	和 reduce 功能一样，但是返回的 RDD 数据类型和原 RDD 不一样
	foreach(func)	对 RDD 每个元素都是使用特定函数

转化代码参考如下。

```
import org. apache. log4j. Level
import org. apache. log4j. Logger
import org. apache. spark. SparkConf
import org. apache. spark. _
import org. apache. spark. rdd. RDD
object Demo {
  def main(args：Array[String]) {
    Logger. getLogger("org"). setLevel(Level. ERROR)
    val conf = new SparkConf(). setAppName("Demo"). setMaster("lo-
cal[ * ]")
    val sc = new SparkContext(conf)
    val rddInt：RDD[Int] = sc. makeRDD(List(1,2,3,4,5,6,2,5,1))
    val rddStr：RDD[String] = sc. parallelize(Array("a","b","c","d","
b","a"),1)
    val rddFile：RDD[String] = sc. textFile("in/word_count. text",1)
    val rdd01：RDD[Int] = sc. makeRDD(List(1,3,5,3))
    val rdd02：RDD[Int] = sc. makeRDD(List(2,4,5,1))
    / * map 操作 * /
    println("map 操作")
    println(rddInt. map(x => x + 1). collect(). mkString(","))
    println("map 操作")
    / * filter 操作 * /
    println("filter 操作")
    println(rddInt. filter(x => x > 4). collect(). mkString(","))
    println("filter 操作")
    / * flatMap 操作 * /
```

```
println("flatMap 操作")
println(rddFile. flatMap { x => x. split(" ") }. first())
println("flatMap 操作")
/* distinct 去重操作 */
println("distinct 去重")
println(rddInt. distinct(). collect(). mkString(","))
println(rddStr. distinct(). collect(). mkString(","))
println("distinct 去重")
/* union 操作 */
println("union 操作")
println(rdd01. union(rdd02). collect(). mkString(","))
println("union 操作")
/* intersection 操作 */
println("intersection 操作")
println(rdd01. intersection(rdd02). collect(). mkString(","))
println("intersection 操作")
/* subtract 操作 */
println("subtract 操作")
println(rdd01. subtract(rdd02). collect(). mkString(","))
println("subtract 操作")
/* cartesian 操作 */
println("cartesian 操作")
println(rdd01. cartesian(rdd02). collect(). mkString(","))
println("cartesian 操作")
  }
}
```

行动代码参考如下。

```
import org. apache. log4j. Level
import org. apache. log4j. Logger
import org. apache. spark. SparkConf
import org. apache. spark. _
import org. apache. spark. rdd. RDD
object Demo {
  def main(args：Array[String]) {
    Logger. getLogger("org"). setLevel(Level. ERROR)
    val conf = new SparkConf(). setAppName("Demo"). setMaster("lo-
cal[ * ]")
    val sc = new SparkContext(conf)
    val rddInt:RDD[Int] = sc. makeRDD(List(1,2,3,4,5,6,2,5,1))
    val rddStr:RDD[String] = sc. parallelize(Array("a","b","c","d","
b","a"),1)
    /* count 操作 */
    println("count 操作")
    println(rddInt. count())
    println("count 操作")
    /* countByValue 操作 */
    println("countByValue 操作")
    println(rddInt. countByValue())
    println("countByValue 操作")
    /* reduce 操作 */
    println("countByValue 操作")
    println(rddInt. reduce((x ,y) => x + y))
    println("countByValue 操作")
    /* fold 操作 */
```

```
    println("fold 操作")
    println(rddInt. fold(0)((x ,y) => x + y))
    println("fold 操作")
    / * aggregate 操作 * /
    println("aggregate 操作")
    val res:(Int,Int) = rddInt. aggregate((0,0))((x,y) => (x. _1 +
x. _2,y),(x,y) => (x. _1 + x. _2,y. _1 + y. _2))
    println(res. _1 + "," + res. _2)
    println("aggregate 操作")
    / * foeach 操作 * /
    println("foeach 操作")
    println(rddStr. foreach { x => println(x) })
    println("foeach 操作")
  }
}
```

7.3 Spark SQL 简介

7.3.1 什么是 Spark SQL

Spark SQL 是 Apache Spark 用于处理结构化数据的一个模块,它提供了两个编程抽象,分别叫做 DataFrame 和 DataSet,它们用于作为分布式 SQL 查询引擎。Spark SQL 允许使用 SQL 或熟悉的 DataFrame API 查询 Spark 程序内的结构化数据,Spark SQL 支持多语言编程,包括 Java、Scala、Python 和 R,可以根据自身喜好进行选择。

Spark SQL 是 Spark 生态系统中最新的组件,可使用 Spark 引擎处理由 SQL、HiveQL 或者 Scala 表示的关系型查询,将数据表示成 SchemaRDD,类似于关系型数据库中的表,由一些行列对象组成,每一行由若干列,每列对应一种数据类型。通俗点说,SchemaRDD 就是为 RDD 增加 Schema,可与多种数据源集成如 Parquet,Hive,Json 等。

Shark 将 Hive 的分布式执行引擎由 MapReduce 替换为 Spark,克服了与 Spark 集成性差、Hive 优化器与 Spark 结合不够好等问题。Spark SQL 借鉴了 Shark 若干优点实现了数据加载、列式存储等。Spark SQL 也增加了许多新功能模块,如 RDD 敏感的优化器、丰富的编程接口等。

Spark SQL 的特征是:

(1)集成。将 SQL 查询与 Spark 程序无缝对接。Spark SQL 允许您使用 SQL 或熟悉的 DataFrame API 查询 Spark 程序内的结构化数据,可用于 Java, Scala,Python 和 R。

(2)统一的数据访问。以同样的方式连接到任何数据源。DataFrames 和 SQL 提供了访问各种数据源的常用方式,包括 Hive,Avro,Parquet,ORC, JSON 和 JDBC,甚至可以通过这些来源加入数据。

(3)Hive 集成。在现有仓库上运行 SQL 或 HiveQL 查询。Spark SQL 支持 HiveQL 语法以及 Hive SerDes 和 UDF,允许访问现有的 Hive 仓库。

(4)标准连接。通过 JDBC 或 ODBC 连接。服务器模式为商业智能工具提供行业标准的 JDBC 和 ODBC 连接。

7.3.2　Spark SQL 架构

Spark sql 是一种可以通过 sql 执行 Spark 任务的分布式解析引擎。它能够将用户编写的 sql 语言解析成 RDD 对应的分布式任务,由于 Spark 是基于内存去处理、计算数据集,所以其执行速度非常快。Spark sql 对应的结构可以总结为图 7-6 所示。

DataSet,顾名思义,就是数据集的意思,它是 Spark 1.6 新引入的接口。同弹性分布式数据集(RDD)类似,DataSet 也是不可变分布式的数据单元,它既有与 RDD 类似的各种转换和动作函数定义,而且还享受 Spark SQL 优化过的执行引擎,使得数据搜索效率更高。

如图 7-7 所示,左侧的 RDD 虽然以 People 为类型参数,但 Spark 框架本身不了解 People 类的内部结构,所有的操作都以 People 为单位执行。

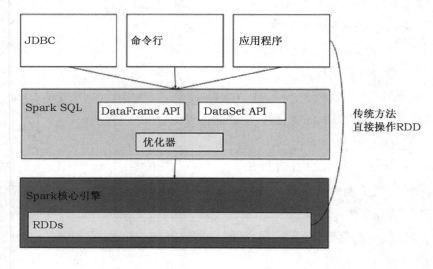

图 7-6 spark sql 架构

People
People
People
People
People

RDD[People]

Name(String)	Age(Int)	Sex(Enum)
Name(String)	Age(Int)	Sex(Enum)
Name(String)	Age(Int)	Sex(Enum)
Name(String)	Age(Int)	Sex(Enum)
Name(String)	Age(Int)	Sex(Enum)

DataSet[People]

图 7-7 RDD 和 DataSet 的对比

DataSet 提供数据表的 schema 信息。这样的结构使得 DataSet API 的执行效率更高。DataFrame 可以被看作是一种特殊的 DataSet,它也是关系型数据库中表一样的结构化存储机制,也是分布式不可变的数据结构。但是,它的每一列并不存储类型信息,所以在编译时并不能发现类型错误。

DataFrame 每一行的类型固定为 Row,他可以被当作 DataSet[Row]来处理,我们必须要通过解析才能获取各列的值。所以,对于 DataSet,我们可以用类似 people. name 来访问一个人的名字,而对于 DataFrame,我们一定要用类似 people. get As [String]("name") 来访问。

为了能更清晰他们之间的概念,我们将 RDD、DataFrame 和 DataSet 对比如表 7—5 所示。

表 7—5 **RDD、DataFrame、DataSet 对比**

	RDD	DataFrame	DataSet
不可变性	√	√	√
分区	√	√	√
Scheme	×	√	√
查询优化器	×	√	√
API 级别	低	高(底层基于 RDD)	高(DataFrame 的扩展)
是否存储类型	√	×	√
何时检测语法错误	编译时	编译时	编译时
何时检测分析错误	编译时	运行时	编译时

RDD 和 DataSet 都是类型安全的,而 DataFrame 并不是类型安全的。这是因为它不存储每一列的信息,如名字和类型。

在 Spark 2.0 中,DataFrame 和 DataSet 被统一。DataFrame 作为 DataSet [Row]形式存在。在弱类型的语言如 Python 中,DataFrame API 依然存在,但是在 Java 中,DataFrame API 已经不复存在了。

DataFrame 和 DataSet 的性能要比 RDD 更好,这是因为 Spark sql 能够提前对查询计划进行优化,然后再进行 RDD 转换与执行操作,从性能上能够获得不少提升。

7.3.3 Spark SQL 编程实例

(1)编程实现将 RDD 转换为 DataFrame。源文件 employee. txt 内容如下(包含 id,name,age)。

```
1,Ella,36
2,Bob,29
3,Jack,29
```

实现从 RDD 转换得到 DataFrame，并按"id：1，name：Ella，age：36"的格式打印出 DataFrame 的所有数据。参考代码如下。

```
import org. apache. spark. sql. types. _
import org. apache. spark. sql. Encoder
import org. apache. spark. sql. Row
import org. apache. spark. sql. SparkSession
object RDDtoDF {
  def main(args： Array[String]) {
  val spark＝SparkSession. builder(). appName("RddToFrame"). master
("local"). getOrCreate()
  import spark. implicits. _
   val employeeRDD ＝ spark. sparkContext. textFile（"file：///usr/local/
spark/employee. txt")
  val schemaString＝"id name age"
  val fields＝schemaString. split(" "). map(fieldName＝＞StructField
(fieldName，StringType，nullable ＝ true))
  val schema ＝ StructType(fields)
  val rowRDD ＝ employeeRDD. map(_. split("，")). map(attributes ＝＞
Row(attributes(0). trim，attributes(1)，attributes(2). trim))
  val employeeDF ＝ spark. createDataFrame(rowRDD，schema)
  employeeDF. createOrReplaceTempView("employee")
  val results＝spark. sql("select id，name，age from employee")
  results. map(t ＝＞ "id："＋t(0)＋"，"＋"name："＋t(1)＋"，"＋"age："
＋t(2)). show()
  }
}
```

运行结果如下：

```
19/03/26 06:00:50 INFO CodeGenerator:
+--------------------+
|               value|
+--------------------+
|id:1,name:Ella,ag...|
|id:2,name:Bob,age:29|
|id:3,name:Jac,age:29|
+--------------------+
```

（2）编程实现利用 DataFrame 读写 MySQL 的数据

在 MySQL 数据库中新建数据库 sparktest，再创建表 employee，包含如表 7—6 所示的两行数据。

表 7—6　　　　　　　　　　　　　Employee 表原有数据

id	name	gender	Age
1	Alice	F	22
2	John	M	25
3	Eddie	M	24
4	Jack	M	25
5	Zoe	F	20
6	Mandy	F	22
7	Tony	M	23
8	Vincent	M	21
9	Leo	M	22
10	Lucy	F	20
11	Andy	M	21
12	Alex	M	25
13	Helen	F	22

配置 Spark 通过 JDBC 连接数据库 MySQL，编程实现利用 DataFrame 插入如表 7—7 所示的两行数据到 MySQL 中，最后打印出 age 的最大值和 age 的总和。

大数据原理及实践

表 7—7　　　　　　　　　　　　　需要插入的数据

id	name	gender	age
14	Mary	F	26
15	Tom	M	23

具体代码如下。

```
import java. util. Properties
import org. apache. spark. sql. types. _
import org. apache. spark. sql. Row
import org. apache. spark. sql. SparkSession
object TestMySQL {
    def main(args：Array[String])：Unit = {
    val spark＝SparkSession. builder(). appName("TestMySQL"). master
("local"). getOrCreate()
    import spark. implicits. _
    val employeeRDD＝spark. sparkContext. parallelize(Array("14 Mary
F 26","15 Tom M 23")). map(_. split(" "))
    val schema＝StructType(List(StructField("id",IntegerType,
        true),StructField("name",StringType,true),StructField("gen-
der",StringType,true),
        StructField("age",IntegerType,true)))
    val rowRDD＝employeeRDD. map(p＝>Row(p(0). toInt,p(1). trim,
p(2). trim,p(3). toInt))
    val employeeDF＝spark. createDataFrame(rowRDD,schema)
    val prop＝new Properties()
    prop. put("user","root")
    prop. put("password","wangli")
    prop. put("driver","com. mysql. jdbc. Driver")
```

138

```
    employeeDF. write. mode("append"). jdbc("jdbc：mysql：//localhost：
3306/sparktest","sparktest. employee",prop)
    val jdbcDF = spark. read. format("jdbc"). option("url",
" jdbc： mysql：//localhost： 3306/sparktest ") . option （ " driver "," 
com. mysql. jdbc. Driver"). option("dbtable","employee")
    . option("user","root"). option("password","wangli"). load()
  jdbcDF. agg("age" —> "max","age" —> "sum"). show()
  }
}
```

运行结果如下。

```
19/03/26 07:27:02 INFO CodeGenerator: C
+--------+--------+
|max(age)|sum(age)|
+--------+--------+
|      26|     341|
+--------+--------+
```

第8章 基于 MLLIB 机器学习

MLLIB 是 Spark 中提供机器学习函数的库,是专门为在集群上并行运行的情况而设计的,旨在简化机器学习的工程实践工作,并方便扩展到更大规模。MLlib 由一些通用的学习算法和工具组成,包括分类、回归、聚类、协同过滤和降维等,同时还包括底层的优化原语和高层的管道 API。

8.1 概 述

MLLIB 是 Spark 中提供机器学习函数的库。它是专为在集群上并行运行的情况而设计的。MLLIB 中包含许多机器学习算法,可以在 Spark 支持的所有编程语言中使用,由于 Spark 基于内存计算模型的优势,非常适合机器学习中出现的多次迭代,避免了操作磁盘和网络的性能损耗。所以 Spark 比 Hadoop 的 MapReduce 框架更易于支持机器学习。

Spark 是基于内存计算的,天然适应于数据挖掘的迭代式计算,但是对于普通开发者来说,实现分布式的数据挖掘算法仍然具有极大的挑战性。因此,Spark 提供了一个基于海量数据的机器学习库 MLlib,它提供了常用数据挖掘算法的分布式实现功能。开发者只需要有 Spark 基础并且了解数据挖掘算法的原理,以及算法参数的含义,就可以通过调用相应的算法的 API 来实现基于海量数据的挖掘过程。

MLlib 由 4 部分组成:数据类型、数学统计计算库、算法评测和机器学习算法。具体如表 8—1 所示。

表 8－1　　　　　　　　　　　　　　　　MLLib 组成

名　　称	说　　明
数据类型	向量、带类别的向量、矩阵等
数学统计计算库	基本统计量、相关分析、随机数产生器、假设检验等
算法评测	AUC、准确率、召回率、F-Measure 等
机器学习算法	分类算法、回归算法、聚类算法、协同过滤等

其中,分类算法和回归算法包括逻辑回归、SVM、朴素贝叶斯、决策树和随机森林等算法。用于聚类算法包括 k-means 和 LDA 算法。协同过滤算法包括交替最小二乘法(ALS)算法。

相比于基于 Hadoop MapReduce 实现的机器学习算法(如 HadoopManhout),Spark MLlib 在机器学习方面具有一些得天独厚的优势。

首先,机器学习算法一般都有由多个步骤组成迭代计算的过程,机器学习的计算需要在多次迭代后获得足够小的误差或者足够收敛时才会停止。如果迭代时使用 Hadoop MapReduce 计算框架,则每次计算都要读/写磁盘及完成任务的启动等工作,从而会导致非常大的 I/O 和 CPU 消耗。

而 Spark 基于内存的计算模型就是针对迭代计算而设计的,多个迭代直接在内存中完成,只有在必要时才会操作磁盘和网络,所以说,Spark MLlib 正是机器学习的理想的平台。其次,Spark 具有出色而高效的 Akka 和 Netty 通信系统,通信效率高于 Hadoop MapReduce 计算框架的通信机制。

在 Spark 官方网站首页中展示了 Logistic Regression 算法在 Spark 和 Hadoop 中运行的性能比较,可以看出 Spark 比 Hadoop 要快 100 倍以上。如图 8－1 所示。

MLLIB 的设计理念非常简单:把数据以 RDD 的形式表示,然后在分布式数据集上调用各种算法。MLLIB 引入了一些数据类型,比如点和向量,不过归根结底,MLLIB 就是 RDD 上一系列可供调用的函数的集合。比如要用 MLLIB 来完成文本分类的任务,例如识别垃圾邮件,需要按如下步骤操作。

第一步:用字符串 RDD 来表示文本数据。

第二步:运行 MLLIB 中的特征提取(feature extraction)算法来把文本数据

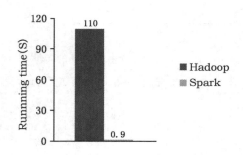

图 8—1　逻辑回归算法 Spark 和 Hadoop 对比

转换为数值特征(适合机器学习算法处理),产生一个向量 RDD。

第三步:对向量 RDD 调用分类算法,比如逻辑回归,产生一个模型对象,可以使用该对象来对新的待分类的数据点进行分类。

第四步:使用 MLLIB 的评估函数在测试数据集上评估模型。

MLLIB 中只包含能够在集群上运行良好的并行算法,有些经典的机器学习算法并没有包含在其中,就是因为它们不能并行执行。一些研究算法因为适用于集群,也被包含在 MLLIB 中,如分布式随机森林算法(distributed random forests)、K-means 聚类和交替最小二乘法(alternating least squares)等。如果要在小规模数据集上训练各机器学习模型,最好还是在各个节点上使用单节点的机器学习方法库实现,如 Weka、SciKit-Learn 等。

8.2　Spark 分类和预测

分类和预测是两种使用数据进行预测的方式,可用于确定未来的结果。分类是用于预测数据对象的离散类别的,需要预测的属性值是离散的、无序的。预测则是用于预测数据对象的连续取值的,需要预测的属性值是连续的、有序的。例如在银行业务中,根据贷款申请者的信息来判断贷款者是属于“安全”类还是“风险”类,这是数据挖掘中的分类任务。而分析给贷款人的贷款量就是数据挖掘中的预测任务。

本节将对 Spark 常用的分类与预测方法进行介绍,其中有些算法是只能用来进行分类或者预测的,但是有些算法是既可以用来进行分类,又可以进行预测的。

8.2.1　分类的基本概念

分类算法反映的是如何找出同类事物的共同性质的特征型知识和不同事物之间的差异性特征知识。分类是通过有指导的学习训练建立分类模型,并使用模型对未知分类的实例进行分类。分类输出属性是离散的、无序的。

分类技术在很多领域都有应用。当前,市场营销的很重要的一个特点就是强调客户细分。采用数据挖掘中的分类技术,可以将客户分成不同的类别。例如可以通过客户分类构造一个分类模型来对银行贷款进行风险评估;设计呼叫中心时可以把客户分为呼叫频繁的客户、偶然大量呼叫的客户、稳定呼叫的客户和其他,来帮助呼叫中心寻找出这些不同种类客户之间的特征,这样的分类模型可以让用户了解不同行为类别客户的分布特征。其他分类应用还有文献检索和搜索引擎中的自动文本分类技术,安全领域的基于分类技术的入侵检测等。分类就是通过对已有数据集(训练集)的学习,得到一个目标函数 f(模型),来把每个属性集 X 映射到目标属性 y(类)上(y 必须是离散的)。

分类过程是一个两步的过程:第一步是模型建立阶段,或者称为训练阶段;第二步是评估阶段。

(1)训练阶段

训练阶段的目的是描述预先定义的数据类或概念集的分类模型。该阶段需要从已知的数据集中选取一部分数据,作为建立模型的训练集,而把剩余的部分作为检验集。通常会从已知数据集中选取 2/3 的数据项作为训练集,1/3 的数据项作为检验集。

训练数据集由一组数据元组构成,假定每个数据元组都已经属于一个事先指定的类别。训练阶段可以看成学习一个映射函数的过程,对于一个给定元组 x,可以通过该映射函数预测其类别标记。该映射函数就是通过训练数据集,所得到的模型(或者称为分类器),如图 8-2 所示。该模型可以表示为分类规则、决策树或数学公式等形式。

(2)评估阶段

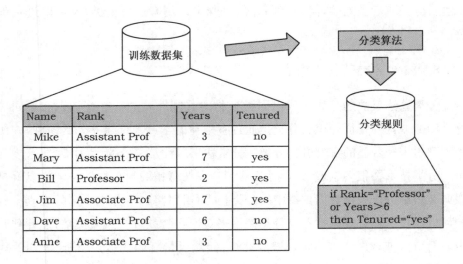

图 8－2　分类算法的训练阶段

在评估阶段,需要使用第一阶段建立的模型对检验集数据元组进行分类,从而评估分类模型的预测准确率,如图 8－3 所示。分类器的准确率是分类器在给定测试数据集上正确分类的检验元组所占的百分比。如果认为分类器的准确率是可以接受的,则使用该分类器对类别标记未知的数据元组进行分类。

8.2.2　预测的基本概念

预测模型与分类模型类似,可以看作一个映射或者函数 $y=f(x)$,其中,x 是输入元组,输出 y 是连续的或有序的值。与分类算法不同的是,预测算法所需要预测的属性值是连续的、有序的,分类所需要预测的属性值是离散的、无序的。

数据挖掘的预测算法与分类算法一样,也是一个两步的过程。测试数据集与训练数据集在预测任务中也应该是独立的。预测的准确率是通过 y 的预测值与实际已知值的差来评估的。

预测与分类的区别是,分类是用来预测数据对象的类标记,而预测则是估计某些空缺或未知值。例如,预测明天上证指数的收盘价格是上涨还是下跌是分类,预测明天上证指数的收盘价格具体是多少则是预测。

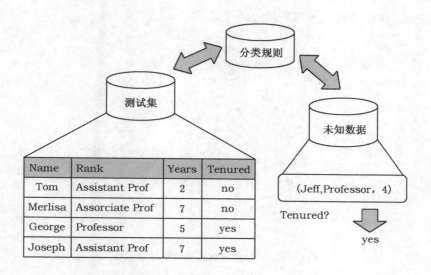

Name	Rank	Years	Tenured
Tom	Assistant Prof	2	no
Merlisa	Assorciate Prof	7	no
George	Professor	5	yes
Joseph	Assistant Prof	7	yes

图 8—3　分类算法的评估阶段

8.3　决策树算法

决策树（Decision Tree，DT）分类法是一个简单且广泛使用的分类技术。决策树是一个树状预测模型，它是由结点和有向边组成的层次结构。树中包含 3 种结点：根结点、内部结点和叶子结点。决策树只有一个根结点，是全体训练数据的集合。树中的一个内部结点表示一个特征属性上的测试，对应的分支表示这个特征属性在某个值域上的输出。一个叶子结点存放一个类别，也就是说，带有分类标签的数据集合即为实例所属的分类。

8.3.1　决策树案例

使用决策树进行决策的过程就是，从根结点开始，测试待分类项中相应的特征属性，并按照其值选择输出分支，直到到达叶子结点，将叶子结点存放的类别作为决策结果。图 8—4 是预测一个人是否会购买电脑的决策树。利用这棵树，可以对新记录进行分类，从根结点（年龄）开始，如果某个人的年龄为中年，就直接判断这个人会买电脑；如果是青少年，则需要进一步判断是否是学生；如果是老年,则需要进一步判断其信用等级。

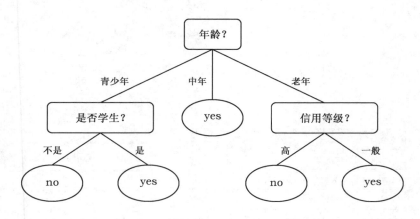

图8—4 预测是否会购买电脑的决策树

假设客户甲具备以下 4 个属性:年龄 20、低收入、是学生和信用一般。通过决策树的根结点判断年龄,判断结果为客户甲是青少年,符合左边分支,再判断客户甲是否是学生,判断结果为用户甲是学生,符合右边分支,最终用户甲落在"yes"的叶子结点上,所以预测客户甲会购买电脑。

8.3.2 决策树的建立

决策树算法有很多,如 ID3、C4.5 和 CART 等,这些算法均采用自上而下的贪婪算法建立决策树,每个内部结点都选择分类效果最好的属性来分裂结点,可以分成两个或者更多的子结点,继续此过程直到这棵决策树能够将全部的训练数据准确地进行分类,或所有属性都被用到为止。

(1)特征选择

按照贪婪算法建立决策树时,首先需要进行特征选择,也就是使用哪个属性作为判断结点。选择一个合适的特征作为判断结点,可以加快分类的速度,降低决策树的深度。

特征选择的目标就是使得分类后的数据集比较纯。如何衡量一个数据集的纯度?这里就需要引入数据纯度概念——信息增益,信息是个很抽象的概念,人们常常说信息很多,或者信息较少,但却很难说清楚信息到底有多少。

146

1948 年,信息论之父 Shannon 提出了"信息熵"的概念,解决了对信息的量化度量问题。通俗地讲,可以把信息熵理解成某种特定信息的出现概率。信息熵表示的是信息的不确定度,当各种特定信息出现的概率均匀分布时,不确定度最大,此时熵就最大。反之,当其中的某个特定信息出现的概率远远大于其他特定信息的时候,不确定度最小,此时熵就很小。所以在建立决策树的时候,希望选择的特征能够使分类后的数据集的信息熵尽可能变小,也就是使不确定性尽量变小。当选择某个特征对数据集进行分类时,分类后的数据集的信息熵会比分类前的小,其差值表示为信息增益。信息增益可以衡量某个特征对分类结果的影响大小。

ID3 算法使用信息增益作为属性选择度量方法,也就是说,针对每个可以用来作为树结点的特征,计算如果采用该特征作为树结点的信息增益,然后选择信息增益最大的那个特征作为下一个树结点。

(2)剪枝

在分类模型建立的过程中,很容易出现过拟合的现象。过拟合是指在模型学习训练中,训练样本达到非常高的逼近精度,但对检验样本的逼近误差随着训练次数呈现出先下降后上升的现象。过拟合时训练误差很小,但是检验误差很大,不利于实际应用。

决策树的过拟合现象可以通过剪枝进行一定的修复。剪枝分为预先剪枝和后剪枝两种。预先剪枝是指在决策树生长过程中,使用一定条件加以限制,使得在产生完全拟合的决策树之前就停止生长。预先剪枝的判断方法也有很多,例如信息增益小于一定阈值的时候,通过剪枝使决策树停止生长。但如何确定一个合适的阈值也需要一定的依据,阈值太高会导致模型拟合不足,阈值太低又导致模型过拟合。

后剪枝是指在决策树生长完成之后,按照自底向上的方式修剪决策树。后剪枝有两种方式,一种是用新的叶子结点替换子树,该结点的预测类由子树数据集中的多数类决定;另一种是用子树中最常使用的分支代替子树。

预先剪枝可能会过早地终止决策树的生长,而后剪枝一般能够产生更好的效果。但后剪枝在子树被剪掉后,决策树生长过程中的一部分计算也就被浪费了。

8.3.3　Spark MLlib 决策树算法

Spark MLlib 支持连续型和离散型的特征变量,也就是既支持预测也支持分类。在 Spark MLlib 中、建立决策树时是按照信息增益选择划分特征的,它采用前向剪枝的方法来防止过拟合,当以下情况任意一个发生时,Spark MLlib 的决策树结点就终止划分,形成叶子结点。

● 树高度达到指定的最大高度 maxDepth。

● 当前结点的所有属性分裂带来的信息增益都小于指定的阈值 minInstancesPerNode。

● 结点分割出的子结点的最少样本数量小于阈值 minInstancesPerNode。

Spark MLlib 的决策树算法是由 DecisionTree 类实现的,该类支持二元或多标签分类,并且还支持预测。用户通过配置参数 Strategy 来说明是进行分类,还是进行预测,以及使用什么方法进行分类。

(1)Spark MLlib 的 DecisionTree 的训练函数

DecisionTree 调用 trainClassifier 方法进行分类训练,参数如下。

```
def trainClassifier(
    input：RDD[LabeledPoint],
    numClasses：Int,
    categoricalFeaturesInfo：Map[Int,Int],impurity：String,
    maxDepth:Int,
    maxBins:Int)：DecisionTreeModel
```

该训练函数将返回一个决策树模型,函数各个参数的含义如表 8-2 所示。

表 8-2　　　　　　　　　　决策树训练函数参数说明

名　　称	说　　明
Input	表示输入数据集,每个 RDD 元素代表一个数据点,每个数据点都包含标签和数据特征,对分类来讲,标签的值是 {0,1,…,numClasses-1}
numClasses	表示分类的数量,默认值是 2

名　称	说　明
categoricalFeaturesInfo	存储离散性属性的映射关系,例如,(5→4)表示数据点的第 5 个特征是离散性属性,有 4 个类别,取值为{0,1,2,3}
impurity	表示信息纯度的计算方法,包括 Gini 参数或信息熵
maxDepth	表示树的最大深度
maxBins	表示每个结点的分支的最大值

(2)Spark MLlib 的 DecisionTree 的预测函数

DecisionTreeModel. predict 方法可以接收不同格式的数据输入参数,包括向量、RDD,返回的是计算出来的预测值。该方法的 API 如下所示。

```
def predict(features:Vector):Double
def predict(features:RDD[Vector]):RDD[Double]
```

其中第一种预测方法是接收一个数据点,输入参数是一个描述输入数据点的特征向量,返回的是输入数据点的预测值;第二种预测方法可以接收一组数据点,输入参数是一个 RDD,RDD 中的每一个元素都是描述一个数据点的特征向量,该方法对每个数据点的预测值以 RDD 的方式返回。

8.3.4　Spark MLlib 决策树算法实例

[实例 8−1]　导入训练数据集,使用 ID3 决策树建立分类模型,采用信息增益作为选择分裂特征的纯度参数,最后使用构造好的决策树,对两个数据样本进行分类预测。

上例 8−1 使用的数据存放在 dt. data 文档中,提供了 6 个点的特征数据和与其对应的标签,数据如下。

```
1 1:1 2:0 3:0 4:1
0 1:1 2:0 3:1 4:1
0 1:0 2:1 3:0 4:0
1 1:1 2:1 3:0 4:0
1 1:1 2:0 3:0 4:0
1 1:1 2:1 3:0 4:0
```

数据文件的每一行是一个数据样本,其中第 1 列为其标签,后面 4 列为数据样本的 4 个特征值,格式为(key：value)。

　　实现的代码如下。

```
import org.apache.spark.mllib.tree.DecisionTree
import org.apache.spark.mllib.util.MLUtils
import org.apache.spark.{SparkConf,SparkContext}
object DecisionTreeByEntropy {
    def main(args：Array[String]) {
    val conf = new SparkConf().setMaster("local[4]").setAppName ( "
DecisionTreeByEntropy")
    val sc = new SparkContext (conf)
    //上载和分解数据
    val data = MLUtils.loadLibSVMFile (sc,("/home/hadoop/exercise/
dt.data"))
    val numClasses = 2 //设定分类数量
    val categoricalFeaturesInfo = Map[Int,Int]() //设定输入格式
    val impurity = "entropy" //设定信息增益的计算方式 val maxDepth
= 5 //设定树的最大高度
    val maxBins = 3 //设定分裂数据集如最大个数
    //建立模型并打印结果
    val model = DecisionTree.trainClassifier(data,numClasses,categori-
calFeaturesInfo,impurity,maxDepth,maxBins)
    printIn ("model.depth:"+ model.depth)
     printIn ( " model.numNodes:" + model.numNodes) printIn ( "
model.topNode:" + model.topNode)
    //从数据集中抽取两个数据样本进行预测并打印结果
    val labelAndPreds = data.take(2).map { point =>
```

```
val prediction = model. predict(point. features)
(point. label,prediction)
}
labelAndPreds. foreach(printIn)
sc. stop
}
}
```

运行以上代码将输出构建的决策分类树的信息,包括树的高度、结点数和树的根结点的详细信息,以及两个样本的实际值和预测值。具体信息如下。

```
model. depth:2
model. numNodes:5
 model. topNode: id = 1, isLeaf = false, predict = 1. 0（prob =
0. 6666666666666666),
impurity = 0. 9182958340544896, split = Some(Feature = 0,thresh-
old = 0. 0,featureType = Continuous,categories = List())r
    stats = Some（gain = 0. 31668908831502096, impurity =
0. 9182958340544896,
left impurity = 0. 0,right impurity = 0. 7219280948873623)
(1. 0,1. 0)
(0. 0,0. 0)
```

8.3.5 算法的优点和缺点

决策树是非常流行的分类算法。一般情况下,不需要任何领域知识或参数设置,它就可以处理高维数据,它对知识的表示是直观的,并且具有描述性,非常容易理解,有助于人工分析。用决策树进行学习和分类的步骤非常简单、效率高。决策树只需要一次构建,就可以反复使用,但每一次预测的最大计算次数不能超过决策树的深度。

一般来讲,决策树具有较好的分类准确率,但是决策树的成功应用可能依赖于所拥有的建模数据。

8.4 朴素贝叶斯算法

朴素贝叶斯(Nawe Bayes)算法是一种十分简单的分类算法。它的基础思想是对于给出的待分类项,求解在此项出现的条件下各个类别出现的概率,哪个最大,就认为此待分类项属于哪个类别。

8.4.1 贝叶斯公式

朴素贝叶斯分类算法的核心是贝叶斯公式,即 $P(B|A) = P(A|B)P(B)/P(A)$。换个表达形式会更清晰一些,P(类别|特征)=P(特征|类别)P(类别)/P(特征)。

如果 X 是一个待分类的数据元组,由 n 个属性描述,H 是一个假设,如 X 属于类 C,则分类问题中,计算概率 P(H|X)的含义是,已知元组 X 的每个元素对应的属性值,求出 V 属于 C 类的概率。

例如,X 的属性值为 age=25,income=$5 000,H 对应的假设是,X 会买电脑。

● P(H|X):表示在已知某客户信息 age=25,income=$5 000 的条件下,该客户会买电脑的概率。

● P(H):表示对于任何给定的客户信息,该客户会购买电脑的概率。

● P(X|H):表示已知客户会买电脑,那么该客户的属性值为 age=25,income=$5 000 的概率。

● P(X):表示在所有的客户信息集合中,客户的属性值为 age=25,income=$5 000 的概率。

8.4.2 工作原理

(1)设 D 为样本训练集,每一个样本 X 都是由 n 个属性值组成的,即 X=(x1,x2,...,xn)),对应的属性集为 A1,A2,A3,…,An。

（2）假设有 m 个类标签，即 C1，C2，…，Cm。对于某待分类元素 X，朴素分类器会把 P(C1|X) (i=1,2,…,m) 值最大的类标签 C1 作为类别。因此目标就是找出 P(C1|X) 中的最大值（P(C1|X)＝P(X|C1)P(C1)|P(X)）

（3）如果 n 的值特别大，也就是说样本元组有很多属性，那么对于 P(X|C1) 的计算会相当复杂，所以朴素贝叶斯算法做了一个假设，即对于样本元组中的每个属性，由于它们都互相条件独立，因此有 P(X|C1)＝P(X1|C1)P(X2|C1)...(Xn|C1)。由于可以从训练集中计算出来，所以训练样本空间中，属于类 C1 并且对应属性 A1 的概率等于 x1 的数目除以样本空间中属于类 C1 的样本数目。

（4）为了预测 X 所属的类标签，可以根据前面的步骤算出每一个类标签 C1 对应的 P(X|C1)P(C1) 值，当某一个类标签 C1，对于任意 j(1≤j≤m,j≠i)，都有 P(X|C1)P(1)＞P(X|C1)P(C1) 时，则认为 X 属于类标签 C1。

8.4.3　Spark MLlib 朴素贝叶斯算法

Spark MLlib 的朴素贝叶斯算法主要是计算每个类别的先验概率，各类别下各个特征属性的条件概率的，其分布式实现方法是对样本进行聚合操作，统计所有标签出现的次数、对应特征之和。

聚合操作后，可以通过聚合结果计算先验概率、条件概率，得到朴素贝叶斯分类模型。预测时，根据模型的先验概率、条件概率，计算每个样本属于每个类别的概率，最后取最大项作为样本的类别。

Spark MLlib 支持 Multinomial Naive Bayes 和 Bernoulli Naive Bayes。Multinomial Naive Bayes 主要用于文本的主题分类，分析时会考虑单词出现的次数，即词频，而 Binarzied Multinomial Naive Bayes 不考虑词频，只考虑这个单词有没有出现，主要用于文本情绪分析。可以通过参数指定算法使用哪个模型。

Spark MLlib 的 Native Bayes 调用 train 方法进行分类训练，其参数如下。

```
def train(
    input:RDD[LabeledPoint],
    lambda:double,
    modelType:String):NativeBayesModel
```

该训练函数将返回一个朴素贝叶斯模型,函数各个参数的含义如下。

● input 表示输入数据集,每个 RDD 元素代表一个数据点,每个数据点包含标签和数据特征,对分类来讲,标签的值是 {0,1,...,numClasses−1}。

● lambda 是一个加法平滑参数,默认值是 1.0。

● modelType 用于指定是使用 Multinomial Native Bayes 还是 Bernoulli Native Bayes 算法模型,默认是 Multinomial Naive Bayes。

Spark MLlib 的 Native Bayes 的预测函数 NativeBayesModel. predict 方法与 DecisionTree 的预测函数一样,可以接收不同的数据输入参数,包向量、RDD,返回的是计算出来的预测值。

8.4.4 Spark MLlib 朴素贝叶斯算法实例

[实例 8−2] 以表 8−3 的购买电脑样本数据作为训练数据集,使用 Multinomial Native Bayes 建立分类模型,然后使用构造好的分类模型,对一个数据样本进行分类预测。

表 8−3   购买电脑样本数据

Age	Income	Student	Credit_rating	Buys_computer
≤30	high	no	fair	no
≤30	high	no	excellent	no
31~40	high	no	fair	yes
>40	medium	no	fair	yes
>40	low	yes	fair	yes
>40	low	yes	excellent	no
31~40	low	yes	excellent	yes

Age	Income	Student	Credit_rating	Buys_computer
≤30	medium	no	fair	no
≤30	low	yes	fair	yes
>40	medium	yes	fair	yes
≤30	medium	yes	excellent	yes
31~40	medium	no	excellent	yes
31~40	high	yes	fair	yes
40	medium	no	excellent	no

例 8—2 使用的数据存放在 sample_computer. data 文档中,数据文件的每一行是一个数据样本,其中第 1 列为其标签,后面 4 列为数据样本的 4 个特征值。标签与特征值以",分割,特征值之间用空格分隔,如下所示。

```
buys_computer,age income student credit_rating
```

其中,buys_computer 的取值为,no 为 0,yes 为 1;age 的取值为,≤30 为 0,31~40 为 1,>40 为 2;income 的取值为,low 为 0,medium 为 1,high 为 2;student 的取值为,no 为 0,yes 为 1,credit_rating 的取值为,fair 为 0,excellent 为 1。

实现的代码如下。

```
import  org. apache. spark. mllib. classification. {NaiveBayes, NaiveBayes-
Model}
import org. apache. spark. mllib. linalg. Vectors
import org. apache. spark. mllib. regression. LabeledPoint
import org. apache. spark. {SparkContext,SparkConf}
object NaiveBayes {
    def main (args : Array[String]) : Unit = {
        val conf = new SparkConf(). setMaster("local"). setAppName("
NaiveBayes")
```

```
val sc = new SparkContext(conf)
val path =".../data/sample_computer. data"
val data = sc. textFile(path)
val parsedData = data. map {
    line =>
    val parts = line. split(',')
     LabeledPoint (parts(0). toDouble, Vectors. dense (parts(1)
. split(' ). map(_. toDouble)))
}
//样本划分 train 和 test 数据样本 60% 用于 train
 val splits = parsedData. randomSplit(Array(0. 6, 0. 4), seed =
11L)
val training = splits(0)
val test = splits(1)
//获得训练模型,第一个参数为数据,第二个参数为平滑参数,默
认为 1
val model = NaiveBayes. train(training, lambda = 1. 0)
//对测试样本进行测试
 val predictionAndLabel = test. map (p => (model. predict
(p. features), p. label))
//对模型进行准确度分析
val accuracy = 1. 0 * predictionAndLabel. filter (x => x. _1 =
= x. _2). count()/test. count. ()
//打印一个预测值
printIn ("NaiveBayes 精度——————>" + accuracy)
printIn ("假如 age<=30, income=medium, student=yes, credit
_rating=fair,是否购买电脑:" + model. predict(Vectors. dense(0. 0, 2. 0,
0. 0, 1. 0)))
```

```
//保存 model
val ModelPath = "../model/NativeBayes_model.obj"
model.save(sc.ModelPath)
}
}
```

8.4.5　朴素贝叶斯算法的优点和缺点

朴素贝叶斯算法的主要优点就是算法逻辑简单,易于实现;同时,分类过程的时空开销小,只会涉及二维存储。

理论上,朴素贝叶斯算法与其他分类方法相比,具有最小的误差率。但是实际上并非总是如此,这是因为朴素贝叶斯模型假设属性之间相互独立,这个假设在实际应用中往往是不成立的,在属性个数比较多或者属性之间相关性较大时,分类效果不好,而在属性相关性较小时,朴素贝叶斯算法的性能最为良好。

8.5　回归分析与预测技术

回归分析的基本概念是用一群变量预测另一个变量的方法。通俗点来讲,就是根据几件事情的相关程度来预测另一件事情发生的概率。回归分析的目的是找到一个联系输入变量和输出变量的最优模型。

回归方法有许多种,可通过 3 种方法进行分类:自变量的个数、因变量的类型和回归线的形状。

(1)依据相关关系中自变量的个数不同进行分类,回归方法可分为一元回归分析法和多元回归分析法。在一元回归分析法中,自变量只有一个,而在多元回归分析法中,自变量有两个以上。

(2)按照因变量的类型,回归方法可分为线性回归分析法和非线性回归分析法。

(3)按照回归线的形状分类时,如果在回归分析中,只包括一个自变量和一个因变量,且二者的关系可用一条直线近似表示,则这种回归分析称为一元线性回归分析;如果回归分析中包括两个或两个以上的自变量,且因变量和自变量之间是非线性关系,则称为多元非线性回归分析。

8.5.1 线性回归

线性回归是世界上最知名的建模方法之一。在线性回归中,数据使用线性预测函数来建模,并且未知的模型参数也是通过数据来估计的,这些模型称为线性模型。在线性模型中,因变量是连续型的,自变量可以是连续型或离散型的,回归线是线性的。

(1)一元线性回归

回归分析的目的是找到一个联系输入变量和输出变量的最优模型,更确切地讲,回归分析是确定变量 Y 与一个或多个变量 X 之间的相互关系的过程。Y 通常叫作响应输出或因变量,X 叫作输入、回归量、解释变量或自变量。线性回归最适合用直线(回归线)去建立因变量 Y 和一个或多个自变量 X 之间的关系,可以用以下公式来表示。

$$Y=a+b \times X+e$$

其中,a 为截距,b 为回归线的斜率,e 是误差项。

具体如图 8—5 所示。

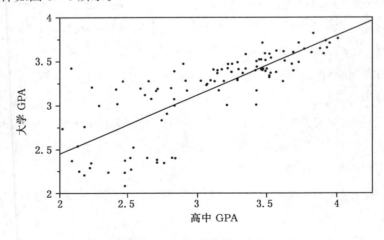

图8—5 一元线性回归

要找到回归线,就是要确定回归系数 a 和 b。假定变量 y 的方差是一个常量,可以用最小二乘法来计算这些系数,使实际数据点和估计回归直线之间的误差最小,只有把误差做到最小时得出的参数,才是我们最需要的参数。这些残差平方和常常被称为回归直线的误差平方和,用 SSE 来表示,如下所示。

$$SSE = \sum_{i=1}^{m} e_i^2 = \sum_{i=1}^{m} (y_i - y_i^1) = \sum_{i=1}^{2} (y_i - \alpha - \beta x_i)^2$$

如图 8-6 所示,回归直线的误差平方和就是所有样本中的 y_i 值与回归线上的点中的 y_i 的差的平方的总和。

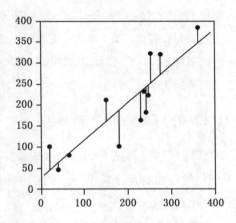

图 8-6　回归直线的误差平方和示意

（2）多元线性回归

多元线性回归是单元线性回归的扩展,涉及多个预测变量。响应变量 Y 的建模为几个预测变量的线性函数,可通过一个属性的线性组合来进行预测,其基本的形式如下。

$$f(x) = w_1 x_1 + w_2 x_2 + w_3 x_3 + \cdots + w_d x_d + b$$

线性回归模型的解释性很强,模型的权值向量十分直观地表达了样本中每一个属性在预测中的重要度。例如要预测今天是否会下雨,并且已经基于历史数据学习到了模型中的权重向量和截距,则可以综合考虑各个属性来判断今天是否会下雨。

$$f(x) = 0.4 \times x_1 + 0.4 \times x_2 + 0.2 \times x_3 + 1$$

其中,x_1 表示风力,x_2 表示湿度,x_3 表示空气质量。

在训练模型时,要让预测值尽量逼近真实值,做到误差最小,而均方误差就是表达这种误差的一种方法,所以求解多元线性回归模型,就求解使均方误差最小化时对应的参数。

(3)线性回归的优点和缺点

线性回归是回归任务最常用的算法之一。它的最简单的形式是,用一个连续的超平面来拟合数据集,例如当仅有两个变量时就用一条直线进行拟合。如果数据集内的变量存在线性关系,拟合程度就相当高。

线性回归的理解和解释都非常直观,还能通过正则化来避免过拟合。此外,线性回归模型很容易通过随机梯度下降法来更新数据模型。但是,线性回归在处理非线性关系时非常糟糕,在识别复杂的模式上也不够灵活,而添加正确的相互作用项或多项式又极为棘手且耗时。

8.5.2　Spark MLlib 的 SGD 线性回归算法

Spark MLlib 的 SGD 线性回归算法是由 LinearRegressionWithSGD 类实现的,该类是基于无正规化的随机梯度下降算法,使用由标签、特征序列组成的 RDD 来训练线性回归模型的。

每一对(标签,特征序列)描述一组特征/以及这些特征所对应的标签。算法按照指定的步长进行迭代,迭代的次数由参数说明,每次迭代时,用来计算下降梯度的样本数也是由参数给出的。

Spark MLlib 中的 SGD 线性回归算法的实现类 LinerRegressionWithSGD 具有以下变量。

```
class LinerRegressionWithRGD private (
    private var stepSize：Double，
    private var numIterations：Int，
    private var miniBatchFraction：Double
)
```

(1)Spark MLlib 的 LinerRegressionWithRGD 构造函数

使用默认值构造 SparkMLlib 的 LinerRegressionWithRGD 实例的接口如下。

```
{stepSize:1.0,numIterations:100,miniBatchFraction:1.0}。
```

参数的含义解释如下。

● stepSize 表示每次迭代的步长。

● numIterations 表示方法单次运行需要迭代的次数。

● miniBatchFraction 表示计算下降梯度时所使用样本数的比例。

（2）Spark MLlib 的 LinerRegressionWithRGD 训练函数

Spark MLlib 的 LinerRegressionWithRGD 训练函数 LinerRegression-WithRGD. train 方法有很多重载方法,这里展示其中参数最全的一个来进行说明。LinerRegressionWithRGD. train 方法预览如下。

```
def train(
    input:RDD[LabeledPoint],
    numIterations:Int,
    stepSize:Double,
    miniBatchFraction:Double,
    initialWeights:Vector):LinearRegressionModel
```

参数 numIterations、stepSize 和 miniBatchFraction 的含义与构造函数相同,另外两个参数的含义如下。

● input 表示训练数据的 RDD,每一个元素由一个特征向量和与其对应的标签组成。

● initialWeights 表示一组初始权重,每个对应一个特征。

8.5.3 Spark MLlib 的 SGD 线性回归算法实例

[实例 8—3] 使用数据集进行模型训练,可通过建立一个简单的线性模型来预测标签的值,并且可通过计算均方差来评估预测值与实际值的吻合度。

例 8—3 使用 LinearRegressionWithSGD 算法,建立预测模型的步骤如下。

（1）装载数据。数据以文本文件的方式进行存放。

（2）建立预测模型。设置迭代次数为 100，其他参数使用默认值，进行模型训练形成数据模型。

（3）打印预测模型的系数。

（4）使用训练样本评估模型，并计算训练错误值。

[分析]

例 8—3 使用的数据存放在 lrws_data. txt 文档中，提供了 67 个数据点，每个数据点为 1 行，每行由 1 个标签值和 8 个特征值组成，每行的数据格式如下。

标签值,特征 1 特征 2 特征 3 特征 4 特征 5 特征 6 特征 7 特征 8

其中，第一个值为标签值，用"，"与特征值分开，特征值之间用空格分隔。前 5 行的数据如下。

```
        −0.4307829,−1.63735562648104 −2.00621178480549 −1.86242597251066
−1.02470580167082 −0.522940888712441 −0.863171185425945
−1.04215728919298 −0.8644665073373.06
        −0.1625189,−1.98898046126935 −0.722008756122123 −0.787896192088153
−1.02470580167082 −0.522940888712441 −0.863171185425945
−1.04215728919298 −0.864466507337306
        −0.1625189,−1.578 818 8754 8545,−2.1887840293994 1.36116336875686
−1.02470580167082 −0.522940888712441 −0.863171185425945
0.342627053981254 −0.155348103855541
        −0.1625189,−2.16691708463163 −0.807993896938655 −0.787896192088153
−1.02470580167082 −0.522940888712441 −0.863171185425945
−1.04215728919298 −0.864466507337306
0.3715636,−0.507874475300631 −0.458834049396776 −0.250631301876899
−1.02470580167082 −0.522940888712441 −0.863171185425945
−1.04215728919298 −0.864466507337306
```

在例 8—3 中，将数据的每一列视为一个特征指标，使用数据集建立预测模型。实现的代码如下。

```
import java. text. SimpleDateFormat
import java. util. Date
import org. apache. log4j. {Level,Logger}
import org. apache. spark. mllib. linalg. Vectors
import org. apache. spark. mllib. regression. {LinearRegressionWithS-
GD,LabeledPoint}
import org. apache. spark. {SparkContext,SparkConf}
/ * *
 * 计算回归曲线的 MSE
 * 对多组数据进行模型训练,然后再利用模型来预测具体的值 * 公
式:f(x) = a1 * x1+a2 * x2+a3 * x3+....
 * /
object LinearRegression2 {
//屏蔽不必要的日志
Logger. getLogger("org. apache. spark"). setLevel(Level. WARN)
Logger. getLogger("org. apache. eclipse. jetty. server"). setLevel(Lev-
el. OFF)
//程序入口
 val conf = new SparkConf (). setAppName (LinearRegression2)
. setMaster("local[1]")
val sc = new SparkContext(conf)
def main(args:Array[String]) {
//获取数据集路径
val data = sc. textFile (("/home/hadoop/exercise/lpsa2. data",1)
//处理数据集
val parsedData = data. map{ line =>
val parts = line. split (",")
```

```
    LabeledPoint(parts(0).toDouble,Vectors.dense(parts(1).split("")
.map(_.toDouble)))
    }
    //建立模型
    val numIterations = 100
    val model = LinearRegressionWithSGD.train(parsedData,numItera-
tions,0.1)
    //获取真实值与预测值
    val valuesAndPreds = parsedData.map { point =>
    //对系数进行预测
    val prediction = model.predict(point.features)
    (point,label,prediction) //(实际值,预测值)
    }
    //打印权重
    var weights = model.weights
    printIn("model.weights" + weights)
    //存储到文档
    val isString = new SimpleDateFormat("yyyyMMddHHmmssSSS")
.format{new Date())
    val path = "("/home/hadoop/exercise/" + isString + "/results")"
    ValuesAndPreds.saveAsTextFile(path)
    //计算均方误差
    val MSE = valuesAndPreds.map {case (v,p) => math.pow((v -
p),2)}.reduce(_ + _) / valuesAndPreds.count
    printIn("训练的数据集的均方误差是" + MSE)
    sc.stop()
  }
}
```

运行程序会打印回归公式的系数和训练的数据集的均方误差值。将每一个数据点的预测值,存放在结果文件中,数据项的格式为(实际值,预测值)。

8.5.4 逻辑回归

逻辑回归是用来找到事件成功或事件失败的概率的。首先要明确一点,只有当目标变量是分类变量时,才会考虑使用逻辑回归方法,并且主要用于两种分类问题。

(1)逻辑回归举例

医生希望通过肿瘤的大小 x_1、长度 x_2、种类 x_3 等特征来判断病人的肿瘤是恶性肿瘤还是良性肿瘤,这时目标变量 y 就是分类变量(0 表示良性肿瘤,1 表示恶性肿瘤)。线性回归是通过一些 x 与 y 之间的线性关系来进行预测的,但是此时由于 y 是分类变量,它的取值只能是 0,1,或者 0,1,2 等,而不能是负无穷到正无穷,所以引入了一个 sigmoid 函数,即 $\sum(z) = \dfrac{1}{1+e}$,此时 x 的输入可以是负无穷到正无穷,输出 y 总是 $[0,1]$,并且当 x=0 时,y 的值为 0.5,如图 8-7 (a)所示。

x=0 时,y=0.5,这是决策边界。当要确定肿瘤是良性还是恶性时,其实就是要找出能够分开这两类样本的边界,也就是决策边界,如图 8-7(b)所示。

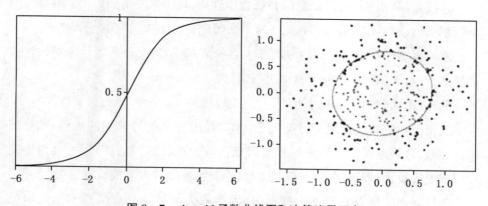

图 8-7 sigmoid 函数曲线图和决策边界示意

(2)逻辑回归函数

在分类情形下,经过学习之后的逻辑回归分类器,其实就是一组权值(w_0＋w_1＋w_2＋…＋w_m)。当测试样本集中的测试数据来到时,将这一组权值按照与测试数据线性加和的方式,求出一个 z 值,即 $z＝w_0＋w_1×x_1＋w_2×x_2＋…＋w_m×x_m$,其中,$x_1,x_2,…,x_m$ 是样本数据的各个特征,维度为 m。之后按照 sigmoid 函数的形式求出 $\sum(z)$,即 $\sum(z)=\dfrac{1}{1+e^z}$ 逻辑回归函数的意义如图 8—8 所示。

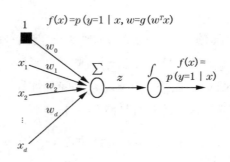

图 8—8   逻辑回归函数的意义示意

由于 sigmoid 函数的定义域是($-\inf,\inf$),而值域为(0,1),因此最基本的逻辑回归分类器适合对二分目标进行分类。

方法是,利用 sigmoid 函数的特殊数学性质,将结果映射到(0,1)中,设定一个概率阈值(不一定非是 0.5),大于这个阈值则分类为 1,小于则分类为 0。

求解逻辑回归模型参数的常用方法之一是,采用最大似然估计的对数形式构建函数,再利用梯度下降函数来进行求解。

(3)逻辑回归的优点和缺点

逻辑回归特别适合用于分类场景,尤其是因变量是二分类的场景,如垃圾邮件判断、是否患某种疾病或广告是否点击等。逻辑回归的优点是,模型比线性回归更简单、好理解,并且实现起来比较方便,特别是大规模线性分类时。

逻辑回归的缺点是需要大样本量,因为最大似然估计在低样本量的情况下,不如最小二乘法有效。逻辑回归对模型中自变量的多重共线性较为敏感,需要对自变量进行相关性分析,剔除线性相关的变量,以防止过拟合和欠拟合。

8.6 聚类分析

聚类分析是指将数据对象的集合分组为由类似的对象组成的多个类的分析过程。

8.6.1 基本概念

聚类(Clustering)就是一种寻找数据之间内在结构的技术。聚类把全体数据实例组织成一些相似组,而这些相似组被称作簇。处于相同簇中的数据实例彼此相同,处于不同簇中的实例彼此不同。

聚类技术通常又被称为无监督学习,与监督学习不同的是,在簇中那些表示数据类别的分类或者分组信息是没有的。

数据之间的相似性是通过定义一个距离或者相似性系数来判别的。图 8—9 显示了一个按照数据对象之间的距离进行聚类的示例,距离相近的数据对象被划分为一个簇。

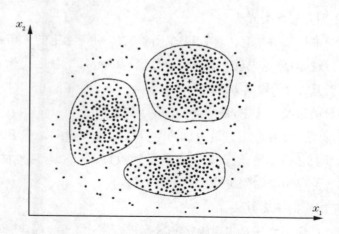

图 8—9　聚类分析示意

聚类分析可以应用在数据预处理过程中,对于复杂结构的多维数据可以通过聚类分析的方法对数据进行聚集,使复杂结构数据标准化。

聚类分析还可以用来发现数据项之间的依赖关系,从而去除或合并有密切依赖关系的数据项。聚类分析也可以为某些数据挖掘方法(如关联规则、粗糙集方法),提供预处理功能。

在商业上,聚类分析是细分市场的有效工具,被用来发现不同的客户群,并且它通过对不同的客户群的特征的刻画,被用于研究消费者行为,寻找新的潜在市场;在生物上,聚类分析被用来对动植物和基因进行分类,以获取对种群固有结构的认识;在保险行业上,聚类分析可以通过平均消费来鉴定汽车保险单持有者的分组,同时可以根据住宅类型、价值和地理位置来鉴定城市的房产分组;在互联网应用上,聚类分析被用来在网上进行文档归类;在电子商务上,聚类分析通过分组聚类出具有相似浏览行为的客户,并分析客户的共同特征,从而帮助电子商务企业了解自己的客户,向客户提供更合适的服务。

8.6.2 聚类分析方法的类别

目前存在大量的聚类算法,算法的选择取决于数据的类型、聚类的目的和具体应用。聚类算法主要分为 5 大类:基于划分的聚类方法、基于层次的聚类方法、基于密度的聚类方法、基于网格的聚类方法和基于模型的聚类方法。

(1)基于划分的聚类方法

基于划分的聚类方法是一种自顶向下的方法,对于给定的 n 个数据对象的数据集 D,将数据对象组织成 k(k≤n)个分区,其中,每个分区代表一个簇。图8-10 就是基于划分的聚类方法的示意。

基于划分的聚类方法中,最经典的就是 k-平均(k-means)算法和 k-中心(k-medoids)算法,很多算法都是由这两个算法改进而来的。基于划分的聚类方法的优点是收敛速度快,缺点是它要求类别数目 k 可以合理地估计,并且初始中心的选择和噪声会对聚类结果产生很大影响。

(2)基于层次的聚类方法

基于层次的聚类方法是指对给定的数据进行层次分解,直到满足某种条件为止。该算法根据层次分解的顺序分为自底向上法和自顶向下法,即凝聚式层次聚类算法和分裂式层次聚类算法。

①自底向上法

首先,每个数据对象都是一个簇,计算数据对象之间的距离,每次将距离最

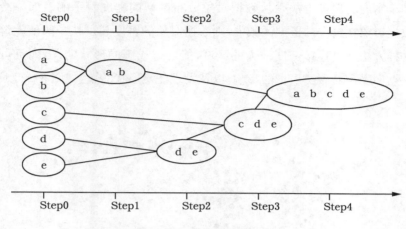

图 8—10 层次聚类算法示意

近的点合并到同一个簇,然后,计算簇与簇之间的距离,将距离最近的簇合并为一个大簇,不停地合并,直到合成了一个簇,或者达到某个终止条件为止。

簇与簇的距离的计算方法有最短距离法、中间距离法和类平均法等,其中,最短距离法是将簇与簇的距离定义为簇与簇之间数据对象的最短距离。自底向上法的代表算法是 AGNES(AGglomerativeNESing)算法。

②自顶向下法

该方法在一开始所有个体都属于一个簇,然后逐渐细分为更小的簇,直到最终每个数据对象都在不同的簇中,或者达到某个终止条件为止。自顶向下法的代表算法是 DIANA(DivisiveANAlysis)算法。

基于层次的聚类算法的主要优点是距离和规则的相似度容易定义,限制少,不需要预先制定簇的个数,可以发现簇的层次关系。基于层次的聚类算法的主要缺点包括计算复杂度太高,奇异值也能产生很大影响,算法很可能聚类成链状。

(3)基于密度的聚类方法

基于密度的聚类方法的主要目标是寻找被低密度区域分离的高密度区域。与基于距离的聚类算法不同的是,基于距离的聚类算法的聚类结果是球状的簇,而基于密度的聚类算法可以发现任意形状的簇。

基于密度的聚类方法是从数据对象分布区域的密度着手的。如果给定类中的数据对象在给定的范围区域中,则数据对象的密度超过某一阈值就继续聚类。这种方法通过连接密度较大的区域,能够形成不同形状的簇,而且可以消除孤立点和噪声对聚类质量的影响,以及发现任意形状的簇,如图 8—11 所示。

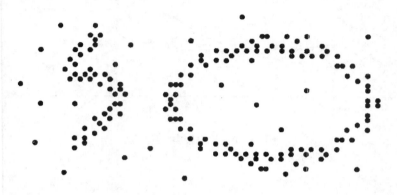

图 8—11 密度聚类算法示意

基于密度的聚类方法中最具代表性的是 DBSAN 算法、OPTICS 算法和 DENCLUE 算法。图 8.10 是基于层次的聚类算法的示意图,上方显示的是 AGNES 算法的步骤,下方是 DIANA 算法的步骤。这两种方法没有优劣之分,只是在实际应用的时候要根据数据特点及想要的簇的个数,来考虑是自底而上更快还是自顶而下更快。

（4）基于网格的聚类方法

基于网格的聚类方法将空间量化为有限数目的单元,可以形成一个网格结构,所有聚类都在网格上进行。基本思想就是将每个属性的可能值分割成许多相邻的区间,并创建网格单元的集合。每个对象落入一个网格单元,网格单元对应的属性空间包含该对象的值,如图 8—12 所示。

基于网格的聚类方法的主要优点是处理速度快,其处理时间独立于数据对象数,而仅依赖于量化空间中的每一维的单元数。这类算法的缺点是只能发现边界是水平或垂直的簇,而不能检测到斜边界。另外,在处理高维数据时,网格单元的数目会随着属性维数的增长而成指数级增长。

（5）基于模型的聚类方法

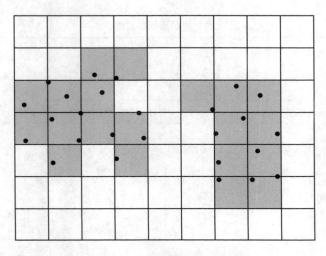

图 8－12　基于网格的聚类算法示意

基于模型的聚类方法是试图优化给定的数据和某些数学模型之间的适应性的。该方法给每一个簇假定了一个模型，然后寻找数据对给定模型的最佳拟合。假定的模型可能是代表数据对象在空间分布情况的密度函数或者其他函数。这种方法的基本原理就是假定目标数据集是由一系列潜在的概率分布所决定的。

图 8－13 对基于划分的聚类方法和基于模型的聚类方法进行了对比。左侧给出的结果是基于距离的聚类方法，核心原则就是将距离近的点聚在一起。右侧给出的基于概率分布模型的聚类方法，这里采用的概率分布模型是有一定弧度的椭圆。

图 8－13 中标出了两个实心的点，这两点的距离很近，在基于距离的聚类方法中，它们聚在一个簇中，但基于概率分布模型的聚类方法则将它们分在不同的簇中，这是为了满足特定的概率分布模型。

在基于模型的聚类方法中，簇的数目是基于标准的统计数字自动决定的，噪声或孤立点也是通过统计数字来分析的。基于模型的聚类方法试图优化给定的数据和某些数据模型之间的适应性。

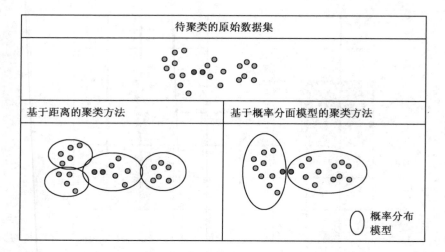

图 8—13　聚类方法对比示意

8.7　k-means 聚类算法简介

K-means 算法是一种基于划分的聚类算法,它以 k 为参数,把 n 个数据对象分成 k 个簇,使簇内具有较高的相似度,而簇间的相似度较低。

8.7.1　基本思想

K-means 算法是根据给定的 n 个数据对象的数据集,构建 k 个划分聚类的方法,每个划分聚类即为一个簇。该方法将数据划分为 n 个簇,每个簇至少有一个数据对象,每个数据对象必须属于而且只能属于一个簇,同时要满足同一簇中的数据对象相似度高,不同簇中的数据对象相似度较小。聚类相似度是利用各簇中对象的均值来进行计算的。

K-means 算法的处理流程如下。首先,随机地选择 k 个数据对象,每个数据对象代表一个簇中心,即选择 k 个初始中心;对剩余的每个对象,根据其与各簇中心的相似度(距离),将它赋给与其最相似的簇中心对应的簇,然后重新计算每个簇中所有对象的平均值,作为新的簇中心。

不断重复以上这个过程,直到准则函数收敛,也就是簇中心不发生明显的变化。通常采用均方差作为准则函数,即最小化每个点到最近簇中心的距离的平方和。

新的簇中心计算方法是计算该簇中所有对象的平均值,也就是分别对所有对象的各个维度的值求平均值,从而得到簇的中心点。例如一个簇包括以下 3 个数据对象{(6,4,8),(8,2,2),(4,6,2)},则这个簇的中心点就是(6+8+4)/3,(4+2+6)/3,(8+2+2)/3)=(6,4,4)。

K-means 算法使用距离来描述两个数据对象之间的相似度。距离函数有明式距离、欧氏距离、马式距离和兰氏距离,最常用的是欧氏距离。

K-means 算法是当准则函数达到最优或者达到最大的迭代次数时即可终止。当采用欧氏距离时,准则函数一般为最小化数据对象到其簇中心的距离的平方和,即

$$\min \sum_{i=1}^{k} \sum_{x \in C_i} \mathrm{dist}(c_i, x)^2$$

其中,k 是簇的个数,C_i 是第 i 个簇的中心点,$\mathrm{dist}(c_i, x)$ 为 X 到 C_i 的距离。

8.7.2　Spark MLlib 中的 K-means 算法

Spark MLlib 中的 k-means 算法的实现类 KMeans 具有以下参数。

```
class KMeans private (
    private var k：int,
    private var maxiterations：Int,
    private var runs：Int,
    private var initializationMode String
    private var initializationStep：Int,
    private var epsilon：Double,
    private var seed：Long) extends：Serializable with Logging
```

(1)MLlib 的 k-means 构造函数

使用默认值构造 MLlib 的 k-means 实例的接口如下。

```
{
k：2，
maxIterations：20，
runs：1，
initializationMode：KMeans. K_MEANS_PARALLEL，
InitializationSteps：5，
epsilon：le－4，
seed：random
}
```

参数的含义解释如表 8－4 所示。

表 8－4　　　　　　　　　　MLlib 的 k-means 算法接口说明

名　称	说　明
k	表示期望的聚类的个数
maxIterations	表示方法单次运行的最大迭代次数
runs	表示算法被运行的次数。k-means 算法不保证能返回全局最优的聚类结果，所以在目标数据集上多次跑 k-means 算法，有助于返回最佳聚类结果
initializationMode	表示初始聚类中心点的选择方式，目前支持随机选择或者 K_MEANS_PARALLEL 方式，默认是 K_MEANS_PARALLEL
initializationsteps	表示 K_MEANS_PARALLEL 方法中的步数
epsilon	表示 k-means 算法迭代收敛的阈值
seed	表示集群初始化时的随机种子

通常应用时，都会先调用 KMeans. train 方法对数据集进行聚类训练，这个方法会返回 KMeansModel 类实例，然后可以使用 KMeansModel. predict 方法对新的数据对象进行所属聚类的预测。

（2）MLlib 中的 k-means 训练函数

MLlib 中的 k-means 训练函数 KMeans. train 方法有很多重载方法，这里以参数最全的一个 来进行说明。KMeans. train 方法如下。

```
def train(
    data：RDD[Vector],
    k：Int
    maxIterations：Int
    runs：Int
    initializationMode：String,
    seed：Long)：KMeansModel = {
    new KMeans(). setK(k) —
    . setMaxIterations(maxIterations)
    . setRuns(runs)
    . setInitializatinMode(initializationMode)
    . setSeed(seed)
    . run(data)
    }
)
```

方法中各个参数的含义与构造函数相同，这里不再重复。

（3）MLlib 中的 k-means 的预测函数

MLlib 中的 k-means 的预测函数 KMeansModel. predict 方法接收不同格式的数据输入参数，可以是向量或者 RDD，返回的是输入参数所属的聚类的索引号。KMeansModel. predict 方法的 API 如下。

```
def predict(point：Vector)：Int
def predict(points：RDD[Vector])：RDD[int]
```

第一种预测方法只能接收一个点，并返回其所在的簇的索引值；第二个预测方法可以接收一组点，并把每个点所在簇的值以 RDD 方式返回。

8.7.3　MLlib 中的 k-means 算法实例

[实例 8-4]　导入训练数据集，使用 k-means 算法将数据聚类到两个簇

当中,所需的簇个数会作为参数传递到算法中,然后计算簇内均方差总和(WSSSE),可以通过增加簇的个数 k 来减小误差。

例 8—4 使用 k-means 算法进行聚类的步骤如下。

(1)装载数据,数据以文本文件的方式进行存放。

(2)将数据集聚类,设置类的个数为 2 和迭代次数为 20,进行模型训练形成数据模型。

(3)打印数据模型的中心点。

(4)使用误差平方之和来评估数据模型。

(5)使用模型测试单点数据。

(6)进行交叉评估 1 时,返回结果;进行交叉评估 2 时,返回数据集和结果。

[分析]

例 8—4 使用的数据存放在 kmeans_data. txt 文档中,提供了 6 个点的空间位置坐标,数据如下所示。

```
0. 0 0. 0 0. 0
0. 1 0. 1 0. 1
0. 2 0. 2 0. 2
9. 0 9. 0 9. 0
9. 1 9. 1 9. 1
9. 2 9. 2 9. 2
```

每行数据描述了一个点,每个点有 3 个数字描述了其在三维空间的坐标值。将数据的每一列视为一个特征指标,对数据集进行聚类分析。实现的代码如下所示。

```
import org. apache. log4j. {Level,Logger}
import org. apache. spark. {SparkConf,SparkContext}
import org. apache. spark. mllib. clustering. KMeans
import org. apache. spark. mllib. linalg. Vectors
object Kmeans {
    def main(args: Array[String]) {
```

```
//设置运行环境
val conf = new SparkConf().setAppName("Kmeans").setMaster("
local[4]")
val sc = new SparkContext(conf)
//装载数据集
val data = sc.textFile("/home/hadoop/exercise/kmeans_data.txt",
1)
val parsedData = data.map(s => Vectors.dense(s.split('').map(_.
toDouble)))
```

//将数据集聚类,设置类的个数为 2,迭代次数为 20,进行模型训练形成数据模型

```
val numClusters = 2
val numIterations = 20
val model = KMeans.train(parsedData,numClusters,numIterations)
//打印数据模型的中心点
printIn("Cluster centers:")
for (c <- model.clustercenters) {
printIn ("" + c.toString)
}
//使用误差平方之和来评估数据模型
val cost = model.computeCost(parsedData)
printIn("Within Set Sum of Squared Errors = " + cost)
//使用模型测试单点数据
  printIn ( "Vectors 0.2 0.2 0.2 is belongs to clusters:" + mod-
el.predict(Vectors.dense("0.2 0.2 0.2".split('').map(_.toDouble))))
  printIn ("Vectors 0.25 0.25 0.25 is belongs to clusters:" + mod-
el.predict(Vectors.dense ("0.25 0.25 0.25".split ('')).map (_.toDou-
ble))))
```

```
    printIn("Vectors 8 8 8 is belongs to clusters:" +model. predict(Vec-
tors. dense("8 8 8". split(′ ). map(_. toDouble))))
    //交叉评估 1,只返回结果
    val testdata = data. map(s => Vectors. dense(s. split(″). map(_.
toDouble)))
    val result1 = model. predict(testdata)
      result1. saveAsTextFile （ "/home/hadoop/upload/class8/result _
kmeans1")
    //交叉评估 2,返回数据集和结果
    val result2 = data. map {
    line =>
    val linevectore = Vectors. dense(line. split(′). map(_. toDouble))
    val prediction = model. predict(linevectore) line + " " + prediction
    }. saveAsTextFile("/home/hadoop/upload/class8/result_kmeans2")
    sc. stop ()
  }
}
```

运行代码后,在运行窗口中可以看到计算出的数据模型,以及找出的两个簇中心点:(9.1,9.1,9.1) 和 (0.1,0.1,0.1);并使用模型对测试点进行分类,可求出它们分别属于簇 1、1、0。

同时,在 /home/hadoop/spark/mllib/exercise 目录中有两个输出目录:result_kmeansl 和 result_kmeans2。在交叉评估 1 中只输出了 6 个点分别属于簇 0、0、0、1、1、1;在交叉评估 2 中输出了数据集和每个点所属的簇。

8.7.4 算法的优点和缺点

k-means 聚类算法是一种经典算法,该算法简单高效,易于理解和实现;算法的时间复杂度低,为 O(tkm),其中,r 为迭代次数,k 为簇的数目,m 为记录数,n 为维数,并且 t<<m k<<n。

k-means 算法也有许多不足的地方。需要人为事先确定簇的个数,k 的选择往往会是一个比较困难的问题。对初始值的设置很敏感,算法的结果与初始值的选择有关。对噪声和异常数据也非常敏感。如果某个异常值具有很大的数值,则会严重影响数据分布,不能解决非凸形状的数据分布聚类问题。主要用于发现圆形或者球形簇,不能识别非球形的簇。

8.8 DBSCAN 聚类算法简介

DBSCAN(Density—Based Spatial Clustering of Application with Noise)算法是一种典型的基于密度的聚类方法。它将簇定义为密度相连的点的最大集合,能够把具有足够密度的区域划分为簇,并可以在有噪音的空间数据集中发现任意形状的簇。

8.8.1 基本概念

DBSCAN 算法中有两个重要参数:Eps 和 MmPtS。Eps 是定义密度时的邻域半径,MmPts 为定义核心点时的阈值。在 DBSCAN 算法中将数据点分为以下 3 类。

(1)核心点

如果一个对象在其半径 Eps 内含有超过 MmPts 数目的点,则该对象为核心点。

(2)边界点

如果一个对象在其半径 Eps 内含有点的数量小于 MinPts,但是该对象落在核心点的邻域内,则该对象为边界点。

(3)噪音点

如果一个对象既不是核心点也不是边界点,则该对象为噪音点。

通俗地讲,核心点对应稠密区域内部的点,边界点对应稠密区域边缘的点,而噪音点对应稀疏区域中的点。

在图 8-14 中,假设 MinPts=5,Eps 如图中箭头线所示,则点 A 为核心点,点 B 为边界点,点 C 为噪音点。点 A 因为在其 Eps 邻域内含有 7 个点,超过了 Eps＝5,所以是核心点。

点 E 和点 C 因为在其 Eps 邻域内含有点的个数均少于 5,所以不是核心点;点 B 因为落在了点 A 的 Eps 邻域内,所以点 B 是边界点;点 C 因为没有落在任何核心点的邻域内,所以是噪音点。

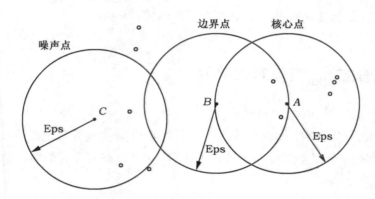

图 8—14　DBSCAN算法数据点类型示意

进一步来讲,DBSCAN 算法还涉及以下一些概念。如表 8—5 所示。

表 8—5　　　　　　　　　　　DBSCAN 算法涉及的概念

名　称	说　明
Eps 邻域	与点的距离小于等于 Eps 的所有点的集合
直接密度可达	如果点 p 在核心点 q 的 Eps 邻域内,则称数据对象 p 从数据对象 q 出发是直接密度可达的
密度可达	如果存在数据对象链 p_1,p_2,…,p_n,p_{i+1} 是从 p_i 关于 Eps 和 MinPts 直接密度可达的,则数据对象 p_n 是从数据对象 p_1 关于 EpsMinPts 密度可达的
密度相连	对于对象 p 和对象 q,如果存在核心对象样本 o,使数据对象 p 和对象 q 均从 o 密度可达,则称 p 和 q 密度相连。显然,密度相连具有对称性
密度聚类簇	由一个核心点和与其密度可达的所有对象构成一个密度聚类簇

在图 8—15 中,点 a 为核心点,点 b 为边界点,并且因为 a 直接密度可达 b。但是 b 不直接密度可达 a(因为 b 不是一个核心点)。因为 c 直接密度可达 a,a 直接密度可达 b,所以 c 密度可达 b。但是因为 b 不直接密度可达 a,所以

180

b 不密度可达 c。但是 b 和 c 密度相连。

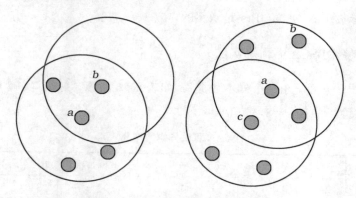

图 8—15 直接密度可达和密度可达示意

8.8.2 DBSCAN 算法描述

DBSCAN 算法对簇的定义很简单,由密度可达关系导出的最大密度相连的样本集合,即为最终聚类的一个簇。

DBSCAN 算法的簇里面可以有一个或者多个核心点。如果只有一个核心点,则簇里其他的非核心点样本都在这个核心点的 Eps 邻域里。如果有多个核心点,则簇里的任意一个核心点的 Eps 邻域中一定有一个其他的核心点,否则这两个核心点无法密度可达。这些核心点的 Eps 邻域里所有的样本的集合组成一个 DBSCAN 聚类簇。

DBSCAN 算法的描述如下。

(1)输入。数据集,邻域半径 Eps,邻域中数据对象数目阈值 MinPts;

(2)输出。密度联通簇。

处理流程如下。

(1) 从数据集中任意选取一个数据对象点 p。

(2) 如果对于参数 Eps 和 MinPts,所选取的数据对象点 p 为核心点,则找出所有从 p 密度可达的数据对象点,形成一个簇。

(3) 如果选取的数据对象点 p 是边缘点,选取另一个数据对象点。

(4) 重复(2)(3)步,直到所有点被处理。

DBSCAN 算法的计算复杂的度为 $O(n^2)$，n 为数据对象的数目。这种算法对于输入参数 Eps 和 MinPts 是敏感的。

8.8.3 DBSCAN 算法实例

[**实例**] 下面给出一个样本数据集，如表 8—6 所示，并对其实施 DBSCAN 算法进行聚类，取 Eps＝3，MinPts＝3。

表 8—6　　　　　　　　　　　　DSCAN 算法样本数据集

p1	p2	p3	p4	p5	p6	p7	p8	p9	p10	p11	p12	p13
1	2	2	4	5	6	6	7	9	1	3	5	3
2	1	4	3	8	7	9	9	5	12	12	12	3

数据集中的样本数据在二维空间内的表示如图 8—16 所示。

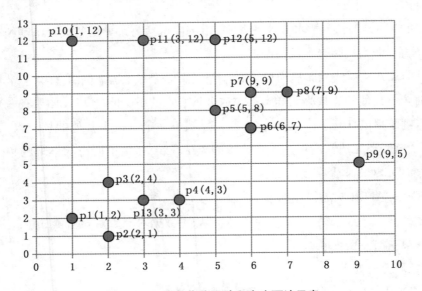

图 8—16　直接密度可达和密度可达示意

第一步，顺序扫描数据集的样本点，首先取到 p1(1,2)。

(1)计算 p1 的邻域，计算出每一点到 p1 的距离，如 d(p1,p2)＝sqrt(1+1)＝1.414。

(2)根据每个样本点到 p1 的距离,计算出 p1 的 Eps 邻域为 {p1,p2,p3,p13}。

(3)因为 p1 的 Eps 邻域含有 4 个点,大于 MinPts(3),所以,p1 为核心点。

(4)以 p1 为核心点建立簇 C1,即找出所有从 p1 密度可达的点。

(5)p1 邻域内的点都是 p1 直接密度可达的点,所以都属于 C1。

(6)寻找 p1 密度可达的点,p2 的邻域为 {p1,p2,p3,p4,p13},因为 p1 密度可达 p2,p2 密度可达 p4,所以 p1 密度可达 p4,因此 p4 也属于 C1。

(7)p3 的邻域为 {p1,p2,p3,p4,p13},p13 的邻域为 {p1,p2,p3,p4,p13},p3 和 p13 都是核心点,但是它们邻域的点都已经在 C1 中。

(8)P4 的邻域为 {p3,p4,p13},为核心点,其邻域内的所有点都已经被处理。

(9)此时,以 p1 为核心点出发的那些密度可达的对象都全部被处理完毕,得到簇 C1,包含点 {p1,p2,p3,p13,p4}。

第二步,继续顺序扫描数据集的样本点,取到 p5(5,8)。

(1)计算 p5 的邻域,计算出每一点到 p5 的距离,如 d(p1,p8)—sqrt(4+1)=2.236。

(2)根据每个样本点到 p5 的距离,计算出 p5 的 Eps 邻域为{p5,p6,p7,p8}。

(3)因为 p5 的 Eps 邻域含有 4 个点,大于 MinPts(3),所以,p5 为核心点。

(4)以 p5 为核心点建立簇 C2,即找出所有从 p5 密度可达的点,可以获得簇 C2,包含点 {p5,p6,p7,p8}。

第三步,继续顺序扫描数据集的样本点,取到 p9(9,5)。

(1)计算出 p9 的 Eps 邻域为 {p9},个数小于 MinPts(3),所以 p9 不是核心点。

(2)对 p9 处理结束。

第四步,继续顺序扫描数据集的样本点,取到 p10(1,12)。

(1)计算出 p10 的 Eps 邻域为 {p10,p11},个数小于 MinPts(3),所以 p10 不是核心点。

(2)对 p10 处理结束。

第五步,继续顺序扫描数据集的样本点,取到 p11(3,12)。

(1)计算出 p11 的 Eps 邻域为 {p11,p10,p12},个数等于 MinPts(3),所以 p11 是核心点。

(2)从 p12 的邻域为 {p12,p11},不是核心点。

(3)以 p11 为核心点建立簇 C3,包含点 {p11,p10,p12}。

第六步,继续扫描数据的样本点,p12、p13 都已经被处理过,算法结束。

8.8.4 DBSCAN 算法的优点和缺点

和传统的 k-means 算法相比,DBSCAN 算法不需要输入簇数 k 而且可以发现任意形状的聚类簇,同时,在聚类时可以找出异常点。

DBSCAN 算法的主要优点如下:

(1)可以对任意形状的稠密数据集进行聚类,而 k-means 之类的聚类算法一般只适用于凸数据集。

(2)可以在聚类的同时发现异常点,对数据集中的异常点不敏感。

(3)聚类结果没有偏倚,而 k-means 之类的聚类算法的初始值对聚类结果有很大影响。

DBSCAN 算法的主要缺点如下:

(1)样本集的密度不均匀、聚类间距差相差很大时,聚类质量较差,这时用 DBSCAN 算法一般不适合。

(2)样本集较大时,聚类收敛时间较长,此时可以对搜索最近邻时建立的 KD 树或者球树进行规模限制来进行改进。

(3)调试参数比较复杂时,主要需要对距离阈值 Eps,邻域样本数阈值 MinPts 进行联合调参,不同的参数组合对最后的聚类效果有较大影响。

(4)对于整个数据集只采用了一组参数。如果数据集中存在不同密度的簇或者嵌套簇,则 DBSCAN 算法不能处理。为了解决这个问题,有人提出了 OP-TICS 算法。

(5)DBSCAN 算法可过滤噪声点,但同时也是其缺点,这也造成了其不适用于某些领域,如对网络安全领域中恶意攻击的判断。

8.9　关联规则分析简介

关联分析是指从大量数据中发现项集之间有趣的关联。关联分析的一个典型例子是购物篮分析。在大数据时代,关联分析是最常见的数据挖掘任务之一。

8.9.1　概述

关联分析是一种简单、实用的分析技术,是指发现存在于大量数据集中的关联性或相关性,从而描述一个事物中某些属性同时出现的规律和模式。关联分析可从大量数据中发现事物、特征或者数据之间的频繁出现的相互依赖关系或关联关系。这些关联并不总是事先知道的,而是通过数据集中数据的关联分析获得的。

关联分析对商业决策具有重要的价值,常用于实体商店或电商的跨品类推荐,购物车联合营销,货架布局陈列,联合促销,市场营销等,来达到关联项互相销量提升,改善用户体验,减少上货员与用户投入时间,寻找高潜用户的目的。

通过对数据集进行关联分析可得出形如"由于某些事件的发生而引起另外一些事件的发生"之类的规则。例如"67％ 的顾客在购买啤酒的同时也会购买尿布",因此通过合理的啤酒和尿布的货架摆放或捆绑销售可提高超市的服务质量和效益。"'C＃语言'课程优秀的同学,在学习'数据结构'时为优秀的可能性达 88％",那么就可以通过强化"C＃ 语言"的学习来提高教学效果。

关联分析的一个典型例子是购物篮分析。通过发现顾客放入其购物篮中的不同商品之间的联系,可分析顾客的购买习惯。通过了解哪些商品频繁地被顾客同时购买,可以帮助零售商制定营销策略。其他的应用还包括价目表设计、商品促销、商品的排放和基于购买模式的顾客划分等。例如洗发水与护发素的套装;牛奶与面包间临摆放;购买该产品的用户又买了哪些其他商品等。

除了上面提到的一些商品间存在的关联现象外,在医学方面,研究人员希望能够从已有的成千上万份病历中找到患某种疾病的病人的共同特征,从而寻找出更好的预防措施。另外,通过对用户银行信用卡账单的分析也可以得到用户的消费方式,这有助于对相应的商品进行市场推广。关联分析的数据挖掘方法已经涉及了人们生活的很多方面,为企业的生产和营销及人们的生活提供了极大的帮助。

8.9.2 基本概念

通过频繁项集挖掘,可以发现大型事务或关系数据集中事物与事物之间有趣的关联,进而帮助商家进行决策,以及设计和分析顾客的购买习惯。例如,表8-7是一个超市的几名顾客的交易信息,其中,TID 代表交易号,Items 代表一次交易的商品。

表 8-7   关联分析样本数据集

TID	Items
001	Cola,Egg,Ham
002	Cola,Diaper,Beer
003	Cola,Diaper,Beer,Ham
004	Diaper,Beer

通过对这个交易数据集进行关联分析,可以找出关联规则,即{Diaper}→{Beer}。它代表的意义是,购买了 Diaper 的顾客会购买 Beer。这个关系不是必然的,但是可能性很大,这就已经足够用来辅助商家调整 Diaper 和 Beer 的摆放位置了,例如,通过摆放在相近的位置,或进行捆绑促销来提高销售量。

关联分析常用的一些基本概念如表 8-8。

表 8-8   关联分析常用概念

名 称	说 明
事务	每一条交易数据称为一个事务,例如,表 8-1 包含了 4 个事务
项	交易的每一个物品称为一个项,如 Diaper、Beer 等
项集	包含零个或多个项的集合叫作项集,如{Beer,Diaper}、{Beer,Cola,Ham}
k-项集	包含 k 个项的项集叫作 k-项集,例如,{Cola,Beer,Ham}叫 3-项集

续表

名　称	说　明
支持度计数	一个项集出现在几个事务当中,它的支持度计数就是几。例如,{Diaper, Beer}出现在事务 002、003 和 004 中,所以它的支持度计数是 3
支持度	支持度计数除于总的事务数。例如,上例中总的事务数为 4,{Diaper, Beer}的支持度计数为 3,所以对{Diaper,Beer}的支持度为 75%,这说明有 75% 的人同时买了 Diaper 和 Beer
频繁项集	支持度大于或等于某个阈值的项集就叫作频繁项集。例如,阈值设为 50% 时,因为{Diaper,Beer}的支持度是 75%,所以它是频繁项集
前件和后件	对于规则{A}叫前件,{E}叫后件
置信度	对于规则{A}→{B},它的置信度为{A,B}的支持度计数除以{A}的支持度计数。例如,规则{Diaper}→{Beer}的置信度为 3/3,即 100%,这说明买了 Diaper 的人 100% 也买了 Beer
强关联规则	大于或等于最小支持度阈值和最小置信度阈值的规则叫作强关联规则。通常意义上说的关联规则都是指强关联规则。关联分析的最终目标就是要找出强关联规则

8.9.3　关联分析步骤

一般来说,对于一个给定的交易事务数据集,关联分析就是指通过用户指定最小支持度和最小置信度来寻求强关联规则的过程。关联分析一般分为两大步:发现频繁项集和发现关联规则。

(1)发现频繁项集

发现频繁项集是指通过用户给定的最小支持度,寻找所有频繁项集,即找出不少于用户设定的最小支持度的项目子集。

事实上,这些频繁项集可能具有包含关系。例如项集{Diaper,Beer,Cob}就包含了项集{Diaper,Beer}。一般地,只需关心那些不被其他频繁项集所包含的所谓最大频繁项集的集合。发现所有的频繁项集是形成关联规则的基础。

由事物数据集产生的频繁项集的数量可能非常大,因此,从中找出可以推导出其他所有的频繁项集的、较小的和具有代表性的项集将是非常有用的。具体如表 8—9 所示。

表 8—9   频繁项集涉及的基本概念

名　称	说　明
闭项集	如果项集 X 是闭的,而且它的直接超集都不具有和它相同的支持度计数,则 X 是闭项集
频繁闭项集	如果项集 X 是闭的,并且它的支持度大于或等于最小支持度阈值,则 X 是频繁闭项集
最大频繁项集	如果项集 X 是频繁项集,并且它的直接超集都不是频繁的,则 X 为最大频繁项集

最大频繁项集都是闭的,因为任何最大频繁项集都不可能与它的直接超集具有相同的支持度计数。最大频繁项集有效地提供了频繁项集的紧凑表示,换句话说,最大频繁项集形成了可以导出所有频繁项集的最小项集的集合。

(2)发现关联规则

发现关联规则是指通过用户给定的最小置信度,在每个最大频繁项集中寻找置信度不小于用户设定的最小置信度的关联规则。

相对于第一步来讲,第二步的任务相对简单,因为它只需要在已经找出的频繁项集的基础上,列出所有可能的关联规则。由于所有的关联规则都是在频繁项集的基础上产生的,已经满足了支持度阈值的要求,所以第二步只需要考虑置信度阈值的要求,只有那些大于用户给定的最小置信度的规则才会被留下来。

8.10　Apriori 算法和 FP－Tree 算法简介

本节主要描述了基于 Apriori 算法的关联分析方法。为了克服 Apriori 算法在复杂度和效率方面的缺陷,本节还进一步地介绍了基于 FP－Tree 的频繁模式挖掘方法。

8.10.1　Apriori 关联分析算法

Apriori 算法是挖掘产生关联规则所需频繁项集的基本算法,也是最著名的关联分析算法之一。

(1)Apriori 算法

Apriori 算法使用了逐层搜索的迭代方法,即用 k－项集探索(k+1)－项集。为提高按层次搜索并产生相应频繁项集的处理效率,Apriori 算法利用了一个重要性质,该性质还能有效缩小频繁项集的搜索空间。

Apriori 性质:一个频繁项集的所有非空子集也必须是频繁项集。即假如项集 A 不满足最小支持度阈值,即 A 不是频繁的,则如果将项集 B 添加到项集 A 中,那么新项集(AUB)也不可能是频繁的。

Apriori 算法主要有以下几个步骤。

(1)通过单遍扫描数据集,确定每个项的支持度。一旦完成这一步,就可得到所有频繁 1－项集的集合 F1。

(2)使用上一次迭代发现的频繁(k−1)−项集,产生新的候选 k−项集。

(3)为了对候选项集的支持度计数,再次扫描一遍数据库,使用子集函数确定包含在每一个交易 t 中的所有候选 k−项集。

(4)计算候选项集的支持度计数后,算法将删除支持度计数小于支持度阈值的所有候选项集。

(5)重复步骤(2)(3)(4),当没有新的频繁项集产生时,算法结束。

Apriori 算法是个逐层算法,它使用"产生——测试"策略来发现频繁项集。在由(k−1)−项集产生 k−项集的过程中,新产生的 k−项集先要确定它的所有的(k−1)−项真子集都是频繁的,如果有一个不是频繁的,那么它可以从当前的候选项集中去掉。

产生候选项集的方法有以下几种。

①蛮力法

从 2−项集开始以后所有的项集都是从 1−项集完全拼出来的。例如,3−项集由 3 个 1−项集拼出,要列出所有的可能性,然后再按照剪枝算法剪枝,即确定当前的项集的所有(k−1)−项集是否都是频繁的。

②$F_{k-1} \times F_1$ 法

由 1−项集和(k−1)−项集生成 k−项集,然后再剪枝。这种方法是完全的,因为每一个频繁 k−项集都是由一个频繁(k−1)−项集和一个频繁 1−项集产生的。由于顺序的关系,这种方法会产生大量重复的频繁 k−项集。

③$F_{k-1} \times F_1$法

由两个频繁(k-1)-项集生成候选 k-项集,但是两个频繁(k-1)-项集的前 k-2 项必须相同,最后一项必须相异。由于每个候选项集都是由一对频繁(k-1)-项集合并而成的,所以需要附加的候选剪枝步骤来确保该候选的其余 k-2 个子集是频繁的。

(2)由频繁项集产生关联规则

一旦从事务数据集中找出频繁项集,就可以直接由它们产生强关联规则,即满足最小支持度和最小置信度的规则。计算关联规则的置信度并不需要再次扫描事物数据集,因为这两个项集的支持度计数已经在频繁项集产生时得到。

假设有频繁项集 Y,X 是 Y 的一个子集,那么如果规则 X→Y→X 不满足置信度阈值,则形如 X1→Y1→X1 的规则一定也不满足置信度阈值,其中,X1 是 X 的子集。根据该性质,假设由频繁项集 {a,b,c,d}产生关联规则,关联规则{b,c,d}→{a} 具有低置信度,则可以丢弃后件包含 a 的所有关联规则,如{c,d}→{a,b},{b,d}→{a,c} 等。

(3)Apriori 算法优点和缺点

Apriori 算法作为经典的频繁项集产生算法,使用先验性质,大大提高了频繁项集逐层产生的效率,它简单易理解,数据集要求低。但是随着应用的深入,它的缺点也逐渐暴露出来,主要的性能瓶颈有以下两点。

①多次扫描事务数据集,需要很大的 I/O 负载。对每次 k 循环,对候选集 ck 中的每个元素都必须通过扫描数据集一次来验证其是否加入 lk。

②可能产生庞大的候选集。候选项集的数量是呈指数级增长的,如此庞大的候选项集对时间和空间都是一种挑战。

8.10.2 FP-Tree 关联分析算法

2000 年,Han Jiawei 等人提出了基于频繁模式树(Frequent Pattern Tree,FP—Tree)发现频繁模式的算法 FP-Growth。其思想是构造一棵 FP-Tree,把集中的数据映射到树上,再根据这棵 FP-Tree 找出所有频繁项集。

FP-Growth 算法是指,通过两次扫描事务数据集,把每个事务所包含的频繁项目按其支持度降序压缩存储到 FP-Tree 中。

在以后发现频繁模式的过程中,不需要再扫描事务数据集,而仅在 FP-Tree 中进行查找即可。通过递归调用 FP-Growth 的方法可直接产生频繁模式,因此在整个发现过程中也不需产生候选模式。由于只对数据集扫描两次,因此 FP-Growth 算法克服了 Apriori 算法中存在的问题,在执行效率上也明显好于 Apriori 算法。

(1)FP—Tree 的构造

为了减少 I/O 次数,FP-Tree 算法引入了一些数据结构来临时存储数据。这个数据结构包括 3 部分:项头表、FP-Tree 和结点链接,如图 8—17 所示。

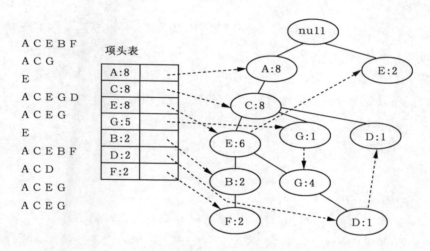

图 8.17　FP-Tree 数据结构

第一部分是一个项头表,记录了所有的频繁 1—项集出现的次数,按照次数降序排列。例如,在图 8—17 中,A 在所有 10 组数据中出现了 8 次,因此排在第一位。

第二部分是 FP-Tree,它将原始数据集映射到了内存中的一颗 FP-Tree。

第三部分是结点链表。所有项头表里的频繁 1—项集都是一个结点链表的头,它依次指向 FP-Tree 中该频繁 1—项集出现的位置。这样做主要是方便项头表和 FP-Tree 之间的联系查找和更新。

①项头表的建立

建立 FP-Tree,需要首先建立项头表。第一次扫描数据集,得到所有频繁 1 －项集的计数,然后删除支持度低于阈值的项,将频繁 1—项集放入项头表,并按照支持度降序排列。

第二次扫描数据集,将读到的原始数据剔除非频繁 1—项集,并按照支持度降序排列。

在这个例子中有 10 条数据,首先第一次扫描数据并对 1—项集计数,发现 F、O、I、L、J、P、M、N 都只出现一次,支持度低于阈值(20%),因此它们不会出现在项头表中。将剩下的 A、C、E、G、B、D、F 按照支持度的大小降序排列,组成了项头表。

接着第二次,扫描数据,对每条数据剔除非频繁 1—项集,并按照支持度降序排列。例如,数据项 A,B,C,E,F,O 中的 O 是非频繁 1—项集,因此被剔除,只剩下了 A、B、C、E、F。按照支持度的顺序排序,它变成了 A、C、E、B、F,其他的数据项以此类推。将原始数据集里的频繁 1—项集进行排序是为了在后面的 FP-Tree 的建立时,可以尽可能地共用祖先结点。

经过两次扫描,项头集已经建立,排序后的数据集也已经得到了,如图 8—18 所示。

②FP—Tree 的建立

有了项头表和排序后的数据集,就可以开始 FP—Tree 的建立了。

开始时 FP—Tree 没有数据,建立 FP—Tree 时要一条条地读入排序后的数据集,并将其插入 FP—Tree。插入时,排序靠前的结点是祖先结点,而靠后的是子孙结点。如果有共用的祖先,则对应的公用祖先结点计数加 1。插入后,如果有新结点出现,则项头表对应的结点会通过结点链表链接上新结点。直到所有的数据都插入到 FP—Tree 后,FP—Tree 的建立完成。

下面来举例描述 FP—Tree 的建立过程。首先,插入第一条数据 A、C、E、E、F,如图 8.19 所示。此时 FP—Tree 没有结点,因此 A、C、E、B、F 是一个独立的路径,所有结点的计数都为 1,项头表通过结点链表链接上对应的新增结点。

接着插入数据 A、C、G,如图 8—20 所示。由于 A、C、G 和现有的 FP—

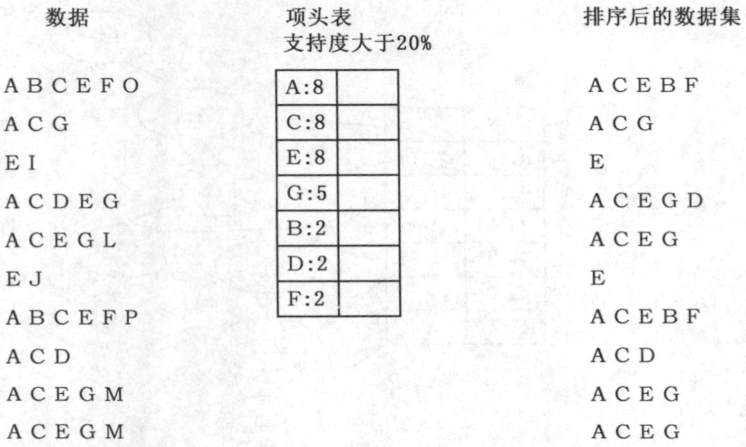

数据
项头表
支持度大于20%
排序后的数据集
A B C E F O
A C G
E I
A C D E G
A C E G L
E J
A B C E F P
A C D
A C E G M
A C E G M
A:8
C:8
E:8
G:5
B:2
D:2
F:2
A C E B F
A C G
E
A C E G D
A C E G
E
A C E B F
A C D
A C E G
A C E G

图 8—18 FP-Tree 项头表示意

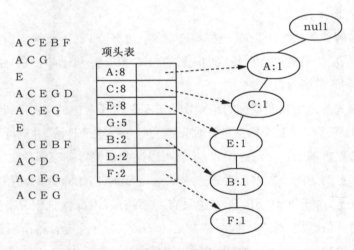

A C E B F
A C G
E
A C E G D
A C E G
E
A C E B F
A C D
A C E G
A C E G
项头表
A:8
C:8
E:8
G:5
B:2
D:2
F:2
null
A:1
C:1
E:1
B:1
F:1

图 8—19 FP-Tree 的构造示意—1

Tree 可以有共有的祖先结点序列 A、C，因此只需要增加一个新结点 G，将新结点 G 的计数记为 1，同时 A 和 C 的计数加 1 成为 2。当然，对应的 G 结点的结点链表要更新。

用同样的办法可以更新后面 8 条数据，最后构成的 FP-Tree，如图 8—17 所示。由于原理类似，就不再逐步描述。

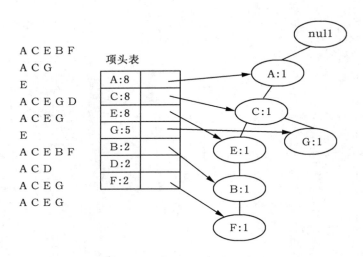

```
A C E B F          项头表                              null
A C G
E                      A:8                              A:1
A C E G D              C:8
A C E G               E:8                      C:1
E                     G:5
A C E B F             B:2                   E:1            G:1
A C D                 D:2
A C E G               F:2
A C E G                                        B:1

                                                F:1
```

图 8－20　FP-Tree 的构造示意 2

（2）FP-Tree 的挖掘

下面讲解如何从 FP-Tree 挖掘频繁项集。基于 FP-Tree、项头表及结点链表，首先要从项头表的底部项依次向上挖掘。对于项头表对应于 FP-Tree 的每一项，要找到它的条件模式基。

条件模式基是指以要挖掘的结点作为叶子结点所对应的 FP 子树。得到这个 FP 子树，将子树中每个结点的计数设置为叶子结点的计数，并删除计数低于支持度的结点。基于这个条件模式基，就可以递归挖掘得到频繁项集了。

还是以上面的例子来进行讲解。先从最底部的 F 结点开始，寻找 F 结点的条件模式基，由于 F 在 FP-Tree 中只有一个结点，因此候选就只有图 8－21 左边所示的一条路径，对应 {A:8,C:8,E:6,B:2,F:2}。接着将所有的祖先结点计数设置为叶子结点的计数，即 FP 子树变成 {A:2,C:2,E:2,B:2,F:2}。

条件模式基可以不写叶子结点，因此最终的 F 的条件模式基如图 8－21 右边所示。

基于条件模式基，很容易得到 F 的频繁 2—项集为 {A:2,F:2},{C:2,F:2},{E:2,F:2},{B:2,F:2}。递归合并 2—项集，可得到频繁 3—项集为 {A:2,C:2,F:2},{A:2,E:2,F:2},{A:2,B:2,F:2},{C:2,E:2,F:2},{C:2,B2,F:2},{E:2,B2,F:2}。递归合并 3—项集，可得到频繁 4—项集为 {A:2,C:2,E:

2,F:2},{A:2,C:2,B2,F:2},{C:2,E:2,B2,F:2}。一直递归下去,得到最大的
频繁项集为频繁 5—项集,为 {A:2,C:2,E:2,B2,F:2}。

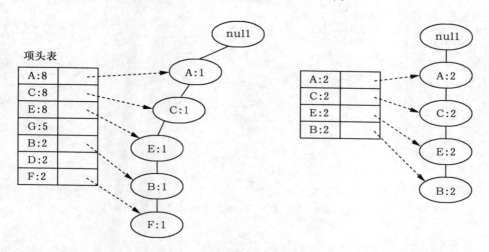

图 8—21　FP-Tree 的挖掘示意 1

　　F 结点挖掘完后,可以开始挖掘 D 结点。D 结点比 F 结点复杂一些,因为
它有两个叶子结点,因此首先得到的 FP 子树如图 8—22 左边所示。

　　接着将所有的祖先结点计数设置为叶子结点的计数,即变成 {A:2,C:2,
E:1 G:1,D:1,D:1}。此时,E 结点和 G 结点由于在条件模式基里面的支持度
低于阈值,所以被删除,最终,去除了低支持度结点和叶子结点后的 D 结点的条
件模式基为 {A:2,C:2}。通过它,可以很容易得到 D 结点的频繁 2—项集为
{A:2,D:2},{C:2,D:2}。递归合并 2—项集,可得到频繁 3—项集为 {A:2,C:
2,D:2}。D 结点对应的最大的频繁项集为频繁 3_项集。

　　用同样的方法可以递归挖掘到 B 的最大频繁项集为频繁 4—项集 {A:2,
C:2,E:2,B2}。继续挖掘,可以递归挖掘到 G 的最大频繁项集为频繁 4—项集
{A:5,C:5,E:4,G:4},E 的最大频繁项集为频繁 3—项集 {A:6,C:6,E:6},C
的最大频繁项集为频繁 2—项集{A:8,C:8}。由于 A 的条件模式基为空,因此
可以不用去挖掘了。

　　至此得到了所有的频繁项集,如果只是要最大的频繁 k—项集,则从上面
的分析可以看到,最大的频繁项集为 5—项集,包括{A:2,C:2,E:2,B:2,F:2}。

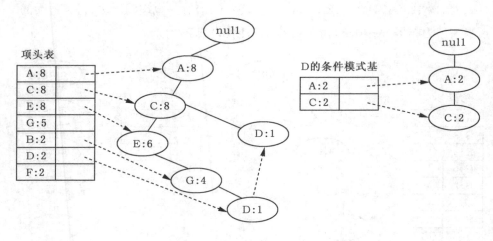

图 8—22　FP-Tree 的挖掘示意 2

（3）MLlib 的 FP-Growth 算法实例

Spark MLlib 中 FP-Growth 算法的实现类 FPGrowth 具有以下参数。

```
class FPGrowth private (
    private var minSupport：Double，
    private var numPartitions：Int）extends Logging with Serializable
```

变量的含义如下。

● minSupport 为频繁项集的支持度阈值，默认值为 0.3。

● numPartitions 为数据的分区个数，也就是并发计算的个数。

首先，通过调用 FPGrowth.run 方法构建 FP-Growth 树，树中将会存储频繁项集的数据信息，该方法会返回 FPGrowthModel，然后调用 FP-Growth-Model.generateAssociationRules 方法生成置信度高于阈值的关联规则，以及每个关联规则的置信度。

实例：导入训练数据集，使用 FP-Growth 算法挖掘出关联规则。该实例使用的数据存放在 fpg.data 文档中，提供了 6 个交易样本数据集。样本数据如下所示。

```
r z h k p
z y x w v u t s
s x o n r
x z y m t s q e
z
x z y r q t p
```

数据文件的每一行是一个交易记录，包括了该次交易的所有物品代码，每个字母表示一个物品，字母之间用空格分隔。

实现的代码如下所示。

```
import org. apache. spark. mllib. fpm. FPGrowth import org. apache.
spark. {SparkConf,SparkContext}
object FP_GrowthTest {
def main(args:Array[String]){
 val conf = new SparkConf ( ) . setAppName ( " FPGrowthTest ")
. setMaster("local[4]")
val sc = new SparkContext(conf)
//设置参数
val minSupport = 0. 2 //最小支持度
val minConfidence = 0. 8 //最小置信度
val numPartitions = 2 //数据分区数
//取出数据
val data = sc. textFile("data/mllib/fpg. data")
//把数据通过空格分割
val transactions = data. map (x=>x. split (""))
transactions. cache()
//创建一个 FPGrowth 的算法实列
```

```
val fpg = new FPGrowth()

fpg. setMinSupport(minSupport) .

fpg. setNumPartitions(numPartitions)

//使用样本数据建立模型

val model = fpg. run(transactions)

//查看所有的频繁项集,并且列出它出现的次数

model. freqItemsets. collect(). foreach(itemset=>{

printIn (itemset. items. mkString("[",",","]")+itemset. freq)

})

//通过置信度筛选出推荐规则

//antecedent 表示前项,consequent 表示后项

//confidence 表示规则的置信度

 model. generateAssociationRules (minConfidence). collect (). foreach
(rule => { printIn ( rule. antecedent. mkString ( ",") + " --> " +
rule. consequent. mkString("")+"-->"+ rule. confidence)

})

//查看规则生成的数量

printIn (model. generateAssociationRules (minConfidence). collect ()
. length)
```

运行结果会打印频繁项集和关联规则。

部分频繁项集如下。

```
[t] ,3
[t,x] ,3
[t,x,z] ,3
[t,z] ,3
[s] ,3
[s,t] ,2
[s,t,x] ,2
[s,t,x,z] ,2
[s,t,z],2
[s,x] ,2
[s,x,z] ,2
```

部分关联规则如下。

```
s,t,x --> z --> 1.0
s,t,x --> y --> 1.0
q,x --> t --> 1.0
q,x --> y --> 1.0
q,x --> z --> 1.0
q,y,z --> t --> 1.0
q,y,z --> x --> 1.0
t,x,z --> y --> 1.0
q,x,z --> t --> 1.0
q,x,z --> y --> 1.0
```

参考文献

[1]怀特,曾大聃,周傲英,等. Hadoop 权威指南[M]. 北京:清华大学出版社,2015.

[2]Edward Capriolo,Dean Wampler,Jason Rutherglen ,曹坤等. Hive 编程指南[M]. 北京:人民邮电出版社,2013.

[3]宋立桓,陈建平. Cloudera Hadoop 大数据平台实战指南[M]. 北京:清华大学出版社,2019.

[4]Bill,Chambers,Matei,Zaharia ,张岩峰等. Spark 权威指南[M]. 北京:中国电力出版社,2020.

[5]纪涵,靖晓文,赵政达. SparkSQL 入门与实践指南[M]. 北京:清华大学出版社,2018.

[6]黄宜华. 深入理解大数据:大数据处理与编程实践[M]. 北京:机械工业出版社,2014.

[7]Richard Blum, Christine Bresnahan,门佳,武海峰 等. Linux 命令行与 shell 脚本编程大全[M]. 北京:人民邮电出版社,2016.

[8]刘忆智. Linux 从入门到精通[M]. 北京:清华大学出版社,2014.

[9]黄美灵. SparkMLlib 机器学习:算法、源码及实战详解[M]. 北京:电子工业出版社,2016.

[10]程学旗,靳小龙,王元卓,等. 大数据系统和分析技术综述[J]. 软件学报,2014,000(009):1889—1908.

[11]维克托 迈尔—舍恩伯格,肯尼思 库克耶,ViktorMayer-Schonberger,等. 大数据时代:生活、工作与思维的大变革[M]. 杭州:浙江人民出版社,2013.

[12]涂子沛. 大数据:正在到来的数据革命,以及它如何改变政府,商业与我们的生活[M]. 南宁:广西师范大学出版社,2013.

[13]White T . Hadoop: The Definitive Guide. *O'rlly Media Inc Gravenstn Highway North*,2012,215(11):1 — 4.

［14］Thusoo A，Sarma J S，Jain N，et al. Hive-a petabyte scale data warehouse using Hadoop［C］// Proceedings of the 26th International Conference on Data Engineering，ICDE 2010，March 1－6，2010，Long Beach，California，USA. IEEE，2010.

［15］Xie J，Shu Y，Ruan X，et al. Improving MapReduce performance through data placement in heterogeneous Hadoop clusters// IEEE International Symposium on Parallel & Distributed Processing. IEEE，2010.

［16］Wang L，Jie T，Ranjan R，et al. G-Hadoop：MapReduce across distributed data centers for data-intensive computing. Future Generation Computer Systems，2013，29（3）：739 －750.

［17］崔杰，李陶深，兰红星. 基于 Hadoop 的海量数据存储平台设计与开发［J］. 计算机研究与发展，2012，49（S1）：12－18.

［18］Apache Hadoop. The Hadoop FileSystem API Definition. http：//hadoop. apache. org/docs/current/hadoop-project-dist/hadoop-common/filesystem/index. html.

［19］Apache Hadoop . HDFS Architecture. https：//hadoop. apache. org/docs/current/ hadoop-project-dist/hadoop-hdfs/HdfsDesign. html.

［20］Spark 官方文档. http：//spark. apache. org/docs

［21］Hive 官方文档. https：//cwiki. apache. org/confluence/display/Hive/Home♯Home -UserDocumentation

［22］Spark 官方文档. https：//spark. apache. org/docs/latest/api/java/index. html

［23］郝树魁. Hadoop HDFS 和 MapReduce 架构浅析［J］. 邮电设计技术，2012（07）：37－42.

［24］TomWhite，怀特. Hadoop：the definitive guide［M］. 南京：东南大学出版社，2011.

［25］Dean J . MapReduce ：Simplified Data Processing on Large Clusters［C］// Symposium on Operating System Design & Implementation. 2004.

［26］黄晓云. 基于 HDFS 的云存储服务系统研究［D］. 大连海事大学，2010.

［27］Ohno Y，Morishima S，Matsutani H . Accelerating Spark RDD Operations with Local and Remote GPU Devices［C］// 2016 IEEE 22nd International Conference on Parallel and Distributed Systems （ICPADS）. IEEE，2017.

［28］Joy R，Sherly K K . Parallel frequent itemset mining with spark RDD framework for disease prediction［C］// International Conference on Circuit. IEEE，2016：1－5.

［29］冯云平. Spark RDD 存储策略的动态优化［D］. 上海：上海交通大学.

[30]Wendell P . Apache Spark 1. 3 and Spark's New Dataframe API-O'Reilly Media Free,*Live Events*[J]. 2018.

[31]Dahiya P , Srivastava D K . Network Intrusion Detection in Big Dataset Using Spark [J]. *Procedia Computer Science*,2018,132:253—262.

[32]Meng X , Bradley J , Yavuz B , et al. MLlib: Machine Learning in Apache Spark [J]. *Journal of Machine Learning Research*,2015,17(1):1235—1241.

[33]刘红岩,陈剑,陈国青. 数据挖掘中的数据分类算法综述[J]. 清华大学学报(自然科学版),2002,42(006):727—730.

[34]丁然. 支持向量机多类分类算法研究[D]. 哈尔滨理工大学.

[35]黄冬梅,哈明虎,王熙照. 决策树与模糊决策树的比较[J]. 河北大学学报(自然科学版),2000(03):14.

[36]朱远平,戴汝为. 基于 SVM 决策树的文本分类器[J]. 模式识别与人工智能,2005(04):412—416.

[37]王煜. 基于决策树和 K 最近邻算法的文本分类研究[D]. 天津大学,2006.

[38]李静梅,孙丽华,张巧荣,等. 一种文本处理中的朴素贝叶斯分类器[J]. 哈尔滨工程大学学报,2003,24(001):71—74.

[39]贺鸣,孙建军,成颖. 基于朴素贝叶斯的文本分类研究综述[J]. 情报科学,2016(7):147—154.

[40]王松桂. 线性统计模型:线性回归与方差分析[M]. 北京:高等教育出版社,1999.

[41]苏汉宸,李红燕,苗高杉. PTLR:云计算平台上处理大规模移动数据的置信域逻辑回归算法[C]// Ndbc. 2010.

[42]陈燕俐,洪龙,金达文. 一种简单有效的基于密度的聚类分析算法[J]. 南京邮电大学学报(自然科学版),2005,025(004):24—29.

[43]宋浩远. 基于模型的聚类方法研究[J]. 重庆科技学院学报(自然科学版),2008(03):71—73.

[44]张建萍,刘希玉. 基于聚类分析的 K-means 算法研究及应用[J]. 计算机应用研究,2007,024(005):166—168.

[45]孙吉贵,刘杰,赵连宇. 聚类算法研究[J]. 软件学报,2008,19(1):48—61.

[46]李清峰,杨路明,张晓峰. 数据挖掘中关联规则的一种高效 Apriori 算法[J]. 计算机应用与软件,2004,21(12):84—86.

[47]惠亮,钱雪忠. 关联规则中 FP-tree 的最大频繁模式非检验挖掘算法[J]. 计算机应

用,2010,30(07):1922-1925.

[48]陆嘉恒.Hadoop 实战.第 2 版[M].北京:机械工业出版社,2012.

[49]王晓华.SparkMLlib 机器学习实践[M].北京:清华大学出版社,2015.

[50]黑马程序员.Spark 大数据分析与实战[M].北京:清华大学出版社,2019.